Midjourney 人工智能AI绘画教程

从娱乐到商用

雷波◎著

化学工业出版社
·北京·

内 容 简 介

本书较为系统地讲解了人工智能绘画的基本理论与Midjourney平台的使用方法，包括各个命令与参数、语法结构等。同时讲解了Midjourney在建筑设计、珠宝设计、摄影素材图像生成、插画绘制、背包设计、手机壳设计、包装设计、盲盒公仔造型设计、冰箱贴设计、卡通头像设计、Logo设计、徽标设计、价目表设计、特效文字设计、游戏场景概念设计、UI设计、图标设计、成套表情包设计等33个领域内的实战应用方法。

书中图像全部由Midjourney渲染生成，效果图配有提示语，也是软件使用者最关心的“配方”，并在关键词下方有强调功能的下划线，以确保读者在使用此关键词时能够得到类似的效果。

本书附赠一本拥有海量Midjourney常用关键词的PDF电子书，下载方法可参考封底。

图书在版编目（CIP）数据

Midjourney人工智能AI绘画教程：从娱乐到商用 / 雷波著. —北京：化学工业出版社，2023.9（2024.6 重印）
ISBN 978-7-122-43604-7

Ⅰ. ①M… Ⅱ. ①雷… Ⅲ. ①图像处理软件－教材 Ⅳ. ①TP391.413

中国国家版本馆CIP数据核字（2023）第102571号

责任编辑：李　辰　孙　炜　　封面设计：异一设计
责任校对：张茜越　　装帧设计：盟诺文化

出版发行：化学工业出版社（北京市东城区青年湖南街 13 号　邮政编码 100011）
印　　装：天津裕同印刷有限公司
710mm×1000mm　1/16　印张$12^1/_4$　字数350千字　2024年6月北京第1版第5次印刷

购书咨询：010-64518888　　售后服务：010-64518899
网　　址：http://www.cip.com.cn
凡购买本书，如有缺损质量问题，本社销售中心负责调换。

定　　价：88.00 元

前 言

还记得在 20 年前，笔者出版了第一本专门讲解 Photoshop 6.0 的图书，随后出版了第一本讲解 Freehand 的图书及第一本讲解 Illustrator 的图书，从此便一直在图形图像领域工作，从事平面与三维设计、视频制作、摄影、授课、图书撰写等相关工作。

由于几乎每天都在使用各种图形图像软件，因此见证了各款图形图像软件逐步升级的过程，然而没有哪一款软件，哪一次升级，让笔者产生第一次使用 Midjourney V3 时激动与兴奋的心情。

在使用 Midjourney 生成近万张图像后，笔者愈发肯定，每一次使用 Midjourney 时产生的想法，对于图形图像领域来说，Midjourney 都是革命性的，是每一个工作于图形图像领域或使用图形图像软件的创作者都不可回避的技术趋势。对于这样的技术，越早掌握越好。

本书较为系统地讲解了人工智能绘画的基本理论与 Midjourney 平台的使用方法，包括各个命令与参数、语法结构等。

同时本书以较大篇幅讲解了 Midjourney 在插画绘制、摄影素材图像生成、珠宝设计、建筑设计、服装设计、鞋子设计、背包设计、毛线编织手工艺品设计、手机壳设计、贴纸设计、包装设计、VIP 卡设计、盲盒公仔造型设计、冰箱贴设计、剪纸造型设计、玩具造型设计、卡通头像设计、Logo 设计、徽标设计、价目表设计、电影海报设计、瓷砖纹样设计、特效文字设计、无缝拼贴图案素材设计、边框素材设计、剪贴画素材图案设计、地毯图案设计、床上用品花纹设计、手机用抽象壁纸设计、游戏场景概念设计、UI 设计、图标设计、成套表情包设计 33 个领域内的实战应用方法。

书中所有图像均由 Midjourney 渲染生成，效果图配有提示语，也是软件使用者最关心的“配方”，并在关键词下方标注了下划线，以确保读者在使用此关键词时能够得到类似的效果。

为了扩展本书内容，笔者将赠送一本拥有海量 Midjourney 常用关键词的 PDF 电子书，下载方法可参考封底。

需要特别指出的是，Midjourney 对于提示语中的英文拼写及语法要求并不严格，即便在提示语中有个别拼写错误的单词，也可以根据整个提示语的意境“猜对”单词的语义。

可以想象在人工智能技术飞速发展的今天，本书的内容有可能在一年甚至半年后就会面临更新，因此，想要在这个领域保持竞争力，获得最新、最前沿的技术信息，各位读者必须对新技术保持好奇心，可以添加本书交流微信 hjysysp，也可搜索并关注笔者的微信公众号“好机友摄影”，或在今日头条或百度、抖音、视频号中搜索并关注“好机友摄影”或“北极光摄影”，与笔者团队在线沟通交流。

可以预见，往后数年，人类社会将逐步进入一个由人工智能技术驱动的时代，笔者预祝各位读者都能够顺利地从计算机基础软件技术驱动状态，切换至人工智能技术驱动状态。

著　者

目　录

CONTENTS

第 1 章 Midjourney 人工智能绘画简介

第 2 章 Midjourney 语法及必须要掌握的命令与参数

第3章 Midjourney在建筑设计、室内设计等相关领域的应用

第4章 Midjourney在珠宝设计、首饰设计等相关领域的应用

第 5 章 Midjourney 在摄影领域的应用

第 6 章 Midjourney 在插画绘制领域的应用

第7章 Midjourney在设计背包、服装及鞋子等产品中的应用

第 8 章 Midjourney 在 26 个设计领域的应用

第 9 章 15 种酷炫效果图像生成技法

第 1 章　Midjourney 人工智能绘画简介

了解人工智能绘画

什么是人工智能绘画

人工智能绘画是指利用计算机算法和技术，让计算机模拟人类艺术家的创作过程，自主地生成各种类型的图像、绘画和艺术作品。

人工智能绘画结合了计算机科学、数学、图像处理、机器学习等多种学科和技术，其基本原理是通过分析大量的图像数据和艺术作品，使计算机能够理解并模拟人类艺术家的创作风格、技巧和审美特点，从而实现自主艺术创作。

经过不到两年时间的发展，人工智能绘画已经被广泛应用于插画绘制、素材照片生成，以及电影、游戏、广告、艺术创意灵感启发等领域，成为当前计算机领域最受瞩目的技术之一。

主流人工智能绘画平台

当前主流的人工智能绘画平台有以下几个，分别进行简单介绍。

文心一格

文心一格是由百度推出的人工智能绘画平台，虽然从目前来看，其总体效果与下面几款平台仍有一定差距，但其更新速度较快，对中文的理解度高，而且完全免费，使用门槛较低，因此，有希望成为国内普及度最高的人工智能绘画平台。在百度中搜索“文心一格”一词，即可找到官方网站。

Midjourney

Midjourney 简称 Mj，是当前在人工智能绘画领域付费用户数量最大的平台。其优点是简单易用，效果丰富，出图迅速，只需要一两行简单的文本提示语，就能生成高质量图像。缺点是需要付费订阅，而且要有一定的英文基础。

在百度中搜索 Midjourney 即可找到官方网站。为了描述方便，从本书第 2 章开始，笔者将 Midjourney 简称为 Mj。

Stable Diffusion

Stable Diffusion 是由 Stability AI 公司推出的一款人工智能绘画平台，其优点是开源、免费，而且用户可以将其布置在本地计算机上运行，以避免泄密。但由于此平台功能复杂、参数众多，而且对本地计算机的显卡要求较高，且出图依赖于已经训练好且需要自行下载的模型文件，因此对使用者的计算机技术、英文水平和学习能力有一定的要求。

想要学习 Stable Diffusion 的读者，这里建议关注 B 站的用户“秋葉 aaaki”，在他的视频中有较完整的 Stable Diffusion 本地布置方法。

Dall-E

Dall-E 是由 OpenAI 开发的一款人工智能绘画平台，该公司曾推出过火爆全网的 ChatGPT，因此，依靠强大的技术力量，Dall-E 在人工智能绘画领域也表现非凡，但在效果丰富程度和效率方面与 Midjourney 有一定的距离。

Leonardo.AI

Leonardo.AI 是一个较新的人工智能绘画平台，其出图质量可与 Midjourney 相媲美，但其模型在效果丰富程度方面仍有较大的提升空间。

其他

除了上述较为主流的平台，使用微软最新推出集成的 ChatGPT 的 Bing，也可以通过人工智能算法生成图像。

另外，国内也有许多公司依靠开源的人工智能模型推出了运行在微信端的小程序，如幻火等。

Midjourney 出图与传统出图的区别

只要创作者有 Photoshop、Painter、Illustrator 或 3ds Max、Maya 等软件的使用经验，就会懂得要想制作出一幅图像，必须要使用手绘板在软件中绘制，或在软件中进行三维建模、用渲染软件进行渲染。

但 Midjourney 完全颠覆了这种出图形式，在 Midjourney 中，图像是通过训练好的神经网络模型生成的，换而言之，图像中的每一个像素都是由 Midjourney 通过计算得到的，创作者无须掌握复杂的软件操作，就能够获得高品质图像。

当然，需要指出的是，使用上述软件出图时，可控性与精确度非常高，但使用 Midjourney 出图时，有时还达不到精确出图的标准。

而且使用 Midjourney 绘画时，还要掌握其提示语撰写方法及关键词的使用技巧，但 Midjourney 拥有超高的出图效率与丰富的效果优势。

了解 Midjourney 的缺点

虽然，Midjourney 出图高效、效果丰富，但仍然有以下明显缺陷。

手部缺陷

当使用 Midjourney 生成图像中涉及手部时，通常会出现变形、缺指、多指的情况，虽然 Midjourney 最新的版本已经对手部进行了优化，这一情况有所改善，但涉及较为复杂的手部动作时，生成的图像仍然会出现不完善的手部，如右侧图所示。

文字缺陷

当使用 Midjourney 生成的图像有大量文字时，通常无法正常生成文字。如右图所示的图像中，招牌上的文字基本上全是错误的。

不可控性缺陷

许多创作者非常痴迷于使用 Midjourney 创作图像，其中一个很重要的原因就是 Midjourney 生成的图像具有很强的随机性，即便是同样的提示语，每次执行后，生成的图像也并不相同。正是由于这种随机性，使得 Midjourney 在做图像创意方面拥有天然优势。

但也正是由于这种随机性，会使生成的图像有各种错误，以提示语 A dog in blue suit clothes and a cat in red suit clothes, selfie together（一只穿着蓝色西装衣服的狗和一只穿着红色西装衣服的猫一起自拍）为例，生成了以下 4 张图像，其中唯一正确的图像在左侧，其他的图像都或多或少存在错误。

面对这样的结果，创作者不必反复调整自己的提示语，因为这并不是提示语的问题，其原因在于 Midjourney 的生成机制与目前尚有待改进的功能。

Midjourney 在图形图像领域的商业应用

无论是在海报设计、广告创意、插画绘制、UI 设计，还是在包装设计、图标设计等各个与图形图像密切相关的领域，都无法绕开素材搜集、创意灵感设计、成品效果图这几个步骤。在传统的设计创意工作流程中，以上 3 个步骤有可能占到项目总时长的一半，甚至 70% ~ 80%。但 Midjourney 的出现极大地改变了这一传统设计流程，下面简单进行分析。

在素材搜集整理阶段的应用

在素材搜集方面，创作者不再需要依靠关键词在图库中进行搜索，或使用后期软件合成所需要的素材，可以直接使用 Midjourney 依据自己的需要生成素材，尤其是底纹类、插画类和抽象图像类，几乎完全可以依靠 Midjourney 生成，摄影实拍类素材，如下方展示的全部是使用 Midjourney 直接生成的素材图片。

在灵感概念设计阶段的应用

众所周知，绝大部分设计项目都不可能从零开始，在正式创作之前，创作者需要搜索大量相关设计案例，然后再结合项目的特点及自己的创意进行创作，这一阶段被称为创意灵感搜集，也正因为有这样的需求，才成就了花瓣网与 pinterest 等分类图片搜集整理网站。

在 Midjourney 加入工作流程的情况下，这一阶段的工作效率可能得到指数级提升，创作者只需要在 Midjourney 中输入项目设计的类型、主题、主要元素、风格和参考设计师名称，就能大批量生成高质量设计方案。

例如，左下图为针对鞋子生成的大量概念设计，右下图为生成的大量包装设计方案。

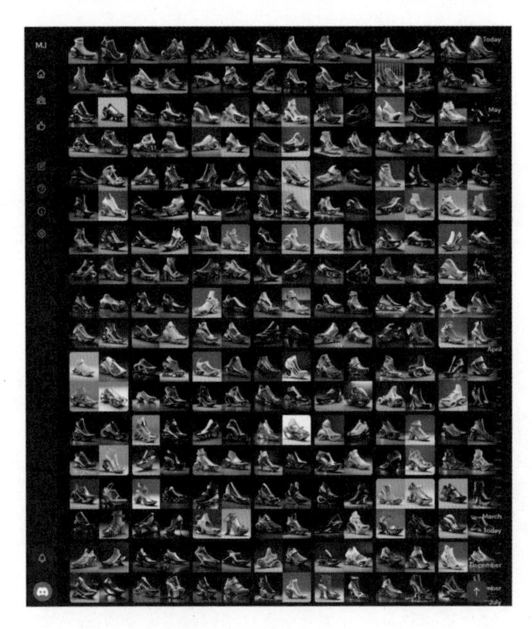

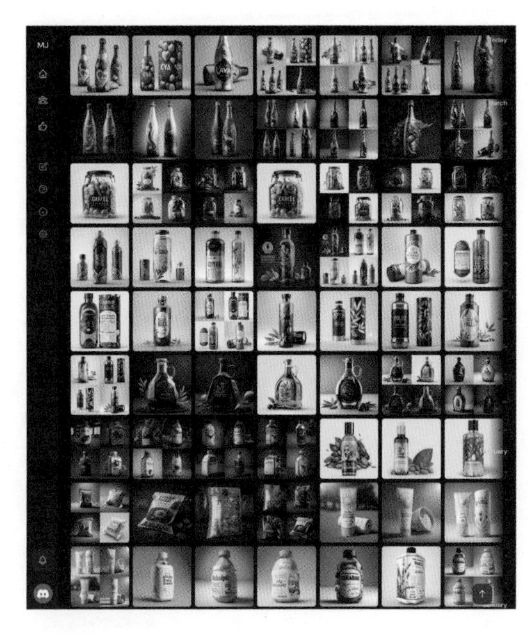

在成品展示阶段的应用

对于场景设计、造型设计、素材设计等设计项目，灵感概念设计阶段与成品展示基本上是重合的。

而对于包装设计、海报设计等设计项目，可以首先生成实拍效果或 3D 渲染效果的图像，然后重新在后期软件中修改包装的商标图，如右图所示。

如何使用 Midjourney

Midjourney 是一个运行在 Discord 平台上的软件，所以要用好 Midjourney，首先要对 Discord 有所了解。

Discord 是一款免费的语音、文字和视频聊天程序，它允许任何用户在个人或群组中创建服务器，与其他用户进行实时聊天和语音通话，并在需要时共享文件和屏幕。因其功能强大、易于使用且免费，已成为最受欢迎的聊天程序之一。要使用 Midjourney，可以分为下面 4 个步骤。

注册 Discord 账号

由于 Midjourney 运行在 Discord 平台上，因此，需要先注册 Discord 账号，其方法与在国内平台上注册账号区别不大，登录其网站，点击“在您的浏览器中打开 Discord”按钮，然后按照提示步骤操作即可。

绑定 Midjourney 账号

进入 Midjourney 官网，在首页的底部找到并点击 Join the Beta 按钮，按照提示绑定 Discord 账号即可。

订阅 Midjourney 会员

由于 Midjourney 的用户数量增长过于迅速，因此取消了免费试用功能，目前要使用 Midjourney，只能通过付费订阅的形式使用。

在 Discord 命令行中输入 /subscribe，或进入 https://www.midjourney.com/account/ 网址，即可选择 3 种会员计划中的一种订阅。

其中，基础会员每月 8 美元，每个月能出 200 张图；30 美元为标准计划，每个月有 15 小时快速模式服务器使用时长额度；60 美元为专业计划，每个月有 30 小时快速模式服务器使用时长额度。

此处的快速模式是指当创作者向 Midjourney 提交一句提示语后，Midjourney 立即开始绘图。与此相对应的是 relax 模式，在该模式下，当创作者向 Midjourney 提交提示语后，Midjourney 不会立即响应，只有在 Midjourney 的服务器空闲的情况下，才开始绘画。

服务器使用时长额度是指创作者绘画占用的 Midjourney 服务器时间，这意味着，如果创作者使用了更高的出图质量标准或更复杂的提示语，在同样的时长额度里，出图的数量就会减少。

若要取消订阅，可在 Discord 底部对话框中输入 /subscribe 命令并按回车键，在机器人回复的文本中点击 open subscription page（打开订阅页面）按钮，在弹出的付款信息中点击 manager（管理），再点击 cancel plan（取消计划）即可。

创建个人服务器

最后，还需要在 Discord 上单独开通服务器，邀请 Midjourney 机器人入驻个人服务器，这样做的好处是管理创作工作流更方便，在自己的创作工作流中不会插入其他人的作品。

第 2 章 Midjourney 语法及必须要掌握的命令与参数

掌握 Midjourney 命令区的使用方法

Mj 生成图像的操作是基于命令或带参数的命令来实现的，当进入 Discord 界面后，在最下方可以看到命令输入区域，在此区域输入英文符号 /，则可以显示若干个命令，如下图所示。

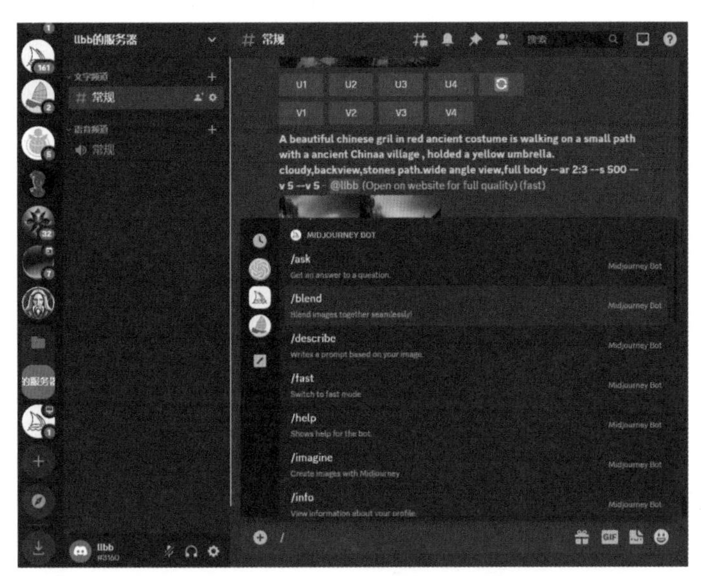

可以在此直接选择某一个命令执行，也可以直接在 / 符号后输入拼写正确的命令。如果被选中的命令需要填写参数，则此命令后面会显示参数类型，如左下图所示的 /blend 命令，如果命令可以直接运行无须参数，则命令显示如右下图所示。

需要注意的是，前面提到的“参数”是一个广义词，根据不同的命令，参数有可能是一段文字，也有可能是一张或多张图像。

在实际应用过程，可以通过在 / 符号后面输入命令首字母或缩写的方法，快速显示要使用的命令，例如，对于使用频率最高的 /imagine，只需要输入 /im，就能快速显示此命令，如左下图所示。

如果点击命令行左侧的 + 符号，可以显示如右下图所示的菜单，使用其中的 3 个命令，可以完成上传图像、创建子区及输入 / 符号等操作。

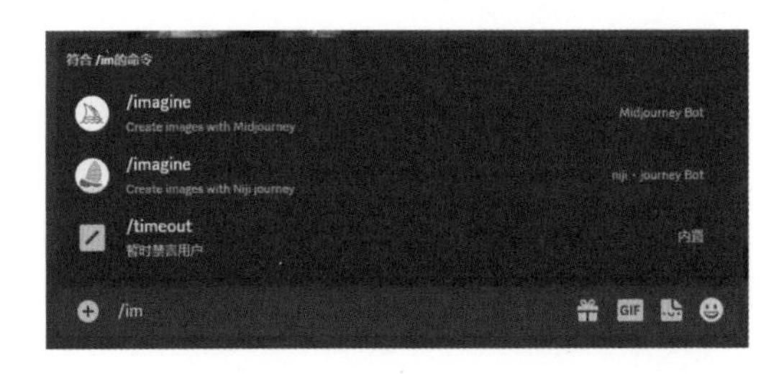

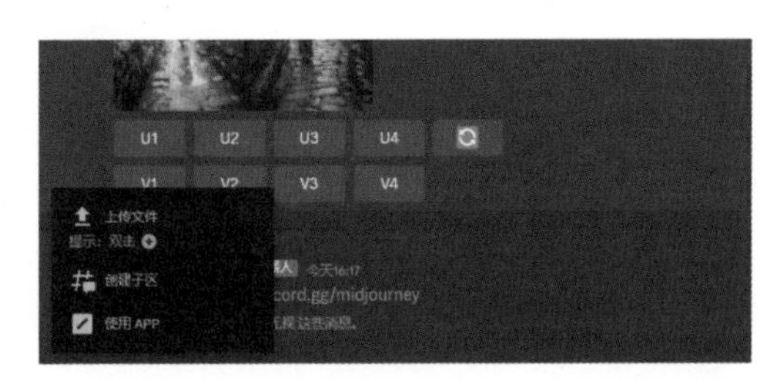

用 imagine 命令生成图像

基本用法及提示语结构

/imagine 命令是 Mj 中最重要的命令，在 Mj 的命令提示行中找到或输入此命令后，在其后输入提示语，即可得到所需的图像，如下图所示。

在 /imagine 命令后面英文部分 chinese dragon with gold helmet, rushing with a scared face. towards the camera frantically. photorealistic . 用于描述要生成的图像。

后面的 --s 1000 --q 2 --ar 16:9 --v 5 是参数，会影响图像画幅、质量和风格等方面。

使用此命令会生成 4 张图像，如右图所示，这 4 张图像被称为四格初始图像，点击后可以放大观看细节。

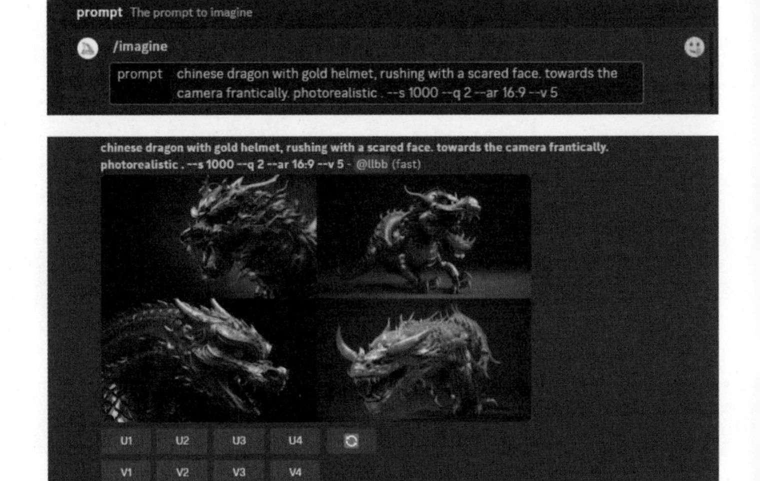

U 按钮与 V 按钮的使用方法

如果认为初始图像效果不错，可以单击 U1 ～ U4 按钮，对各个初始图像进行放大，以得到高分辨率图像。

U1 对应的是左上角图像、U2 对应的是右上角图像、U3 对应的是左下角图像、U4 对应的是右下角图像。如果对于初始图像不太满意，可以单击 V1 ～ V4 按钮，对各个初始图像做衍生操作，使 Mj 针此初始图像做变化操作。

例如，笔者点击 V1 后，会得到如右图所示的衍变四格图像，在此基础上还可以再分别多次单击 V1 ～ V4 按钮，使 Mj 针对四格图像做再次衍变处理。

如果所有四格图像无法令人满意，可以单击刷新按钮，生成新的四格图像。

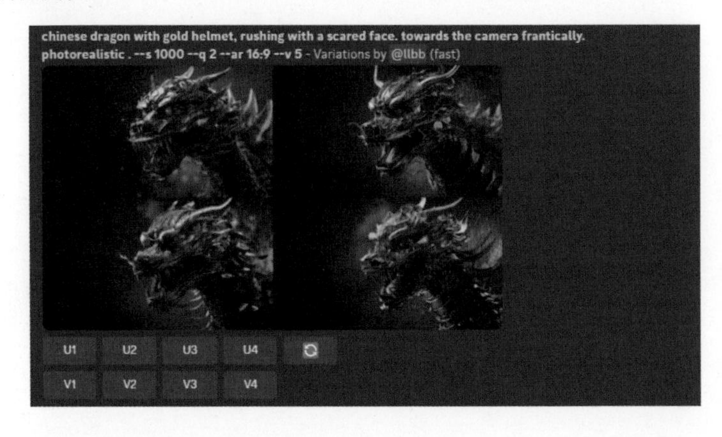

当在四格图像中找到最终满意的图像后，可以单击 U1 ~ U4 按钮，生成高分辨率图像。

再次衍变操作

如果在最终生成的大分辨率图像基础上，希望再次执行衍变操作，可以单击大分辨率图像下方的 Make Variations 按钮，此时 Mj 会在此图像的基础上再次生成四格初始图像，如右图所示。

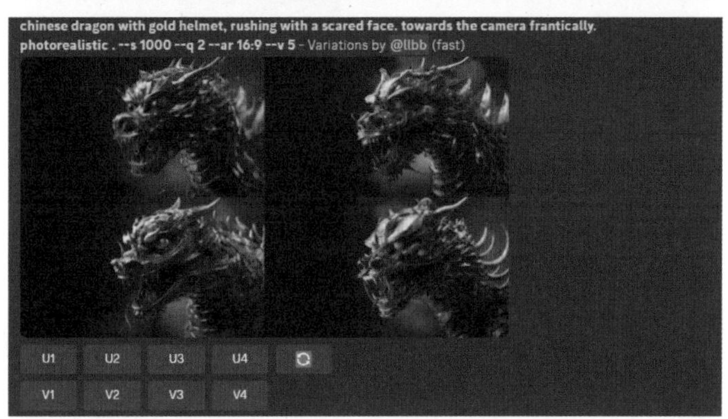

查看详情操作

如果想要查看此图像的详情，可以单击大分辨率图像下方的 Web 按钮。

此时会进入作品查看页面，在此页面中不仅可以看到提示语、参数和图像分辨率，还能看到许多同类图像，可以通过查看优秀同类图像的提示语，来修正自己的提示语，以得到更优质的图像。

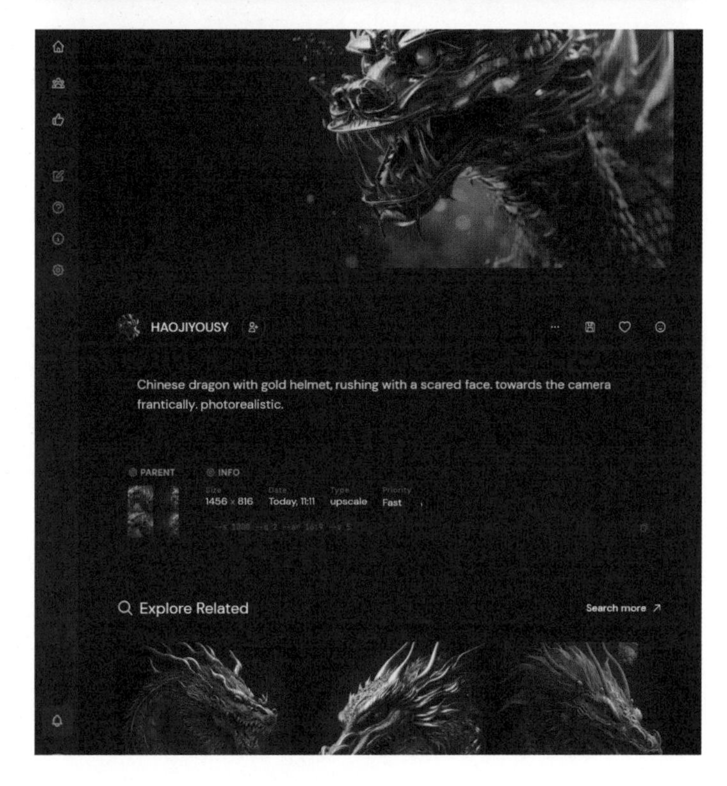

保存高分辨图像操作

可以通过两种方法来保存最终生成的高分辨率图像。

第一种方法是单击最终生成的高分辨率图像，然后单击左下角的“在浏览器中打开”链接，再单击鼠标右键，在弹出的快捷菜单中选择“图像另存为”命令。

第二种方法是在查看详情页面中单击按钮。

V4 版本与 V5 版本衍变操作的区别

目前在 Mj 中使用最多的是 V4 与 V5 版本，但这两个版本在生成四格初始图像及衍变图像时，区别很多。

使用 V5 版本生成四格初始图像时，所有图像均为高分率图像，因此，单击 U1 ~ U4 按钮后，Mj 只是对四格初始图像进行了切分及轻微放大操作，因此订阅的时间会更快。

但使用 V4 版本生成的四格初始图像分辨率及质量较低，因此，如果要得到高分辨率图像，必须使用 U1 ~ U4 按钮进行放大操作。

右下图所示为笔者单击右上图下方的 U2 按钮后，生成的图像效果。

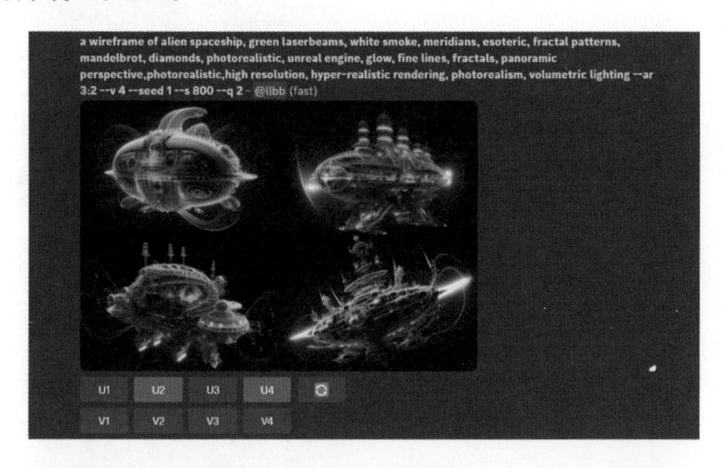

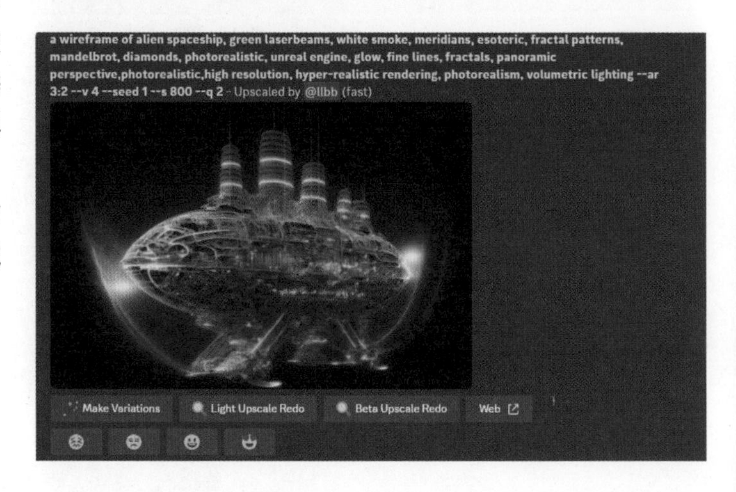

V4 版本 3 种放大操作的区别

如前所述，使用 V4 版本生成的四格初始图像分辨率及质量较低，因此，如果要最终生成高分辨率的图像，必须使用 U1 ~ U4 按钮进行放大操作。

此时，可以选择 3 种放大模式。

其中单击 U1 ~ U4 按钮执行的是默认模式放大，生成的高分辨率图像的宽度最大尺寸为 1024 像素。

此时，如果单击放大后图像下方的 Light Upscaler Redo 按钮，则可以再次放大此图像，只在放大时，Mj 会平滑图像，如果生成的人脸较粗糙，或图像中有光滑的对象，可以考虑使用这种方法，但根据笔者测试，当有人的全脸时，使用这种方法会轻微破坏人脸结构。

如果单击放大后图像下方的 Beta Upscaler Redo 按钮，则可以执行第 3 种放大图像的操作模式，可将图像的宽度放大至 2048 像素，这种模式会增加图像肌理。

下面最左图为 V4 版本下生成的初始图像。

左二图为单击 U 按钮按默认模式放大的图像效果。

右二图为单击 Light Upscaler Redo 按钮得到的效果，可以看到口唇处有明显失真，但皮肤得到平滑处理。

最右图为单击 Beta Upscaler Redo 按钮得到的效果，可以看到口唇处也有失真，且皮肤与衣服处被增加大量肌理。

认识提示语 Prompt 结构

在 Mj 中生成图像时，要在 /imagine 命令后面输入英文语句与参数，这些英文语句与参数可以统称为 Prompt，即提示语。

用好 Mj 的核心要点就是写出 AI 系统能理解的提示语，并确保提示语符合 AI 系统规范。

因此，要想用好 Mj，首先要了解提示语的结构，其次要掌握提示语的写作思路。

完整的 Prompt 分为 3 部分，即图片链接、文本提示语和参数。

图片链接

图片链接的作用是为 Mj 提供参考图，并影响最终结果，在本章后面介绍以图生成图的部分时会有详细讲解，下方的浅蓝色文字即为图片链接。

文本提示语

文本提示语是 Mj 的核心与学习重点，除非是采取以图片生成图片的方式进行创作，否则文本提示语是必不可少的部分。

根据要生成的效果，文本提示语可以简短为一个短句，如左下图所示，也可以复杂成为一篇小短文，如右下图所示。

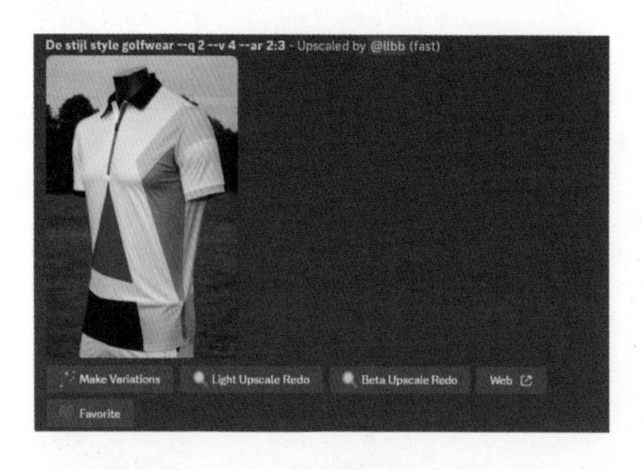

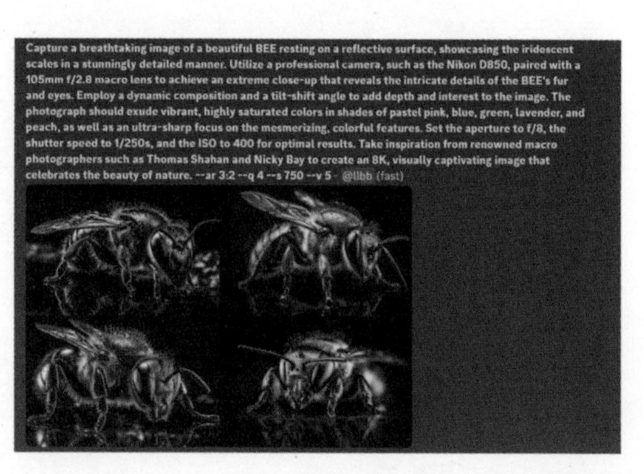

文本提示语是创作者需要关注的重点，也是本书的讲解重点，在后面的章节中将分别讲解提示语的语法、撰写辅助工具、常用句式等内容。

参数

通常在每一个提示语的最后都要添加参数，以控制图像的生成方式，如宽高比、生成版本、质量等，不同的参数值对图像有不同的影响，这些参数在本章后面均有详细讲解。

例如，--ar 2:3 --q 5 --v 4 --c 50 --s 800 这一组参数定义了照片宽高比为 2:3，质量为 5，以 Mj V4 版本进行渲染生成，初始图像差异度为 50，风格化为 800。

利用翻译软件辅助撰写提示语

除非有深厚的英文功底，否则笔者建议创作者在撰写提示语时，打开 2 ～ 3 个在线翻译网站，先用中文描述自己希望得到的图像画面，再将其翻译成英文。

如果英文功底很弱，可以随便选择一个翻译后的文本填写在 /imagine 命令后面。

如果英文功底尚可，可以从中选择一个自己认为翻译更加准确的文本填写在 /imagine 命令后面。

笔者经常使用的是百度在线翻译、有道在线翻译及 DeepL 在线翻译。

下面是笔者给出的文本、翻译后的文本及使用此文本生成的图像。

两个维京武士军队相互进攻，在荒凉的平原上，雨水透过乌云向下倾盆而下。他们的旗帜在风中猎猎作响。一面旗帜上，是黑乌鸦；另一面旗帜上，是断裂的剑柄。在这片战场上，士兵们用力挥舞着手中的斧头和长剑相互厮杀，他们身上的盔甲在光芒中闪烁，他们的脸上写满了愤怒和威严。远处有火焰与浓烟。风暴席卷了整个战场，将相互攻击的士兵们的旗帜和长发吹得翻飞。雨水打湿了他们的盔甲和武器。一些士兵已经倒在了泥泞的地上。

Two armies of Viking warriors attacked each other, and rain poured down through dark clouds on a desolate plain. Their flags hunted in the wind. On one banner, a black crow; On the other, a broken hilt.On this field, soldiers fought each other with axes and swords, their armor glinting in the light, their faces angry and majestic. There were flames and smoke in the distance.The storm swept across the field, blowing the flags and long hair of the soldiers who were attacking each other. The rain dampened their armour and weapons. Some of the soldiers had fallen to the muddy ground.

从图像效果上来看，基本上达到了笔者心中构想的图像场景，在这个过程中翻译软件起到了至关重要的作用。

使用 ChatGPT 辅助撰写提示语

ChatGPT 爆火可以说是最近几年来计算机领域现象级的事件，由于 ChatGPT 具有自动撰写文章及强大的翻译功能，因此，ChatGPT 与 Mj 结合进行创作，也自然成为许多同时掌握了 ChatGPT 与 Mj 使用方法的创作者的常用技巧。

要组合使用两者，需要先给 ChatGPT 设定任务背景，为此笔者使用了下面的设定命令。

bb 我正在使用Mj生成图像，Mj是一款人工智能图像生成软件，依靠提示语生成图像。我下面将提出初步概念，请将概念扩展成为一个复杂场景，并根据这个场景撰写一条完整的提示语，在这条提示语的描述中要包括对场景风格、视觉效果、光线、主题、气氛的描述，以确保Mj可以依靠这些提示语生成复杂的图像。你需要给我中英文对照的提示语，需要注意的是提示语要使用尽量简短的语句，尽量少用介词，如果明白了请回答明白，然后我将提出概念。

ChatGPT 给出了正确的反馈，笔者也得到了对应提示语。

明白，我会尽力帮助您编写提示语。请提出您的初步概念，让我来为您扩展和撰写提示语。

bb 海底城市

中文提示语：在一座宏伟的海底城市中，高耸的建筑和错落有致的海藻缠绕在一起，构成了一个神秘而美丽的场景。海豚和鲨鱼在周围游动，阳光透过水面照射下来，形成柔和的光线，为整个城市增添了生机和神秘感。

英文提示语：In a grand underwater city, towering buildings and scattered seaweed intertwine to create a mysterious and beautiful scene. Dolphins and sharks swim around, and the sunlight shining through the water creates a soft light, adding vitality and mystery to the whole city.

接下来，笔者切换至 Mj 中，输入从 ChatGPT 中得到的提示语，并添加了参数，则得到了下方展示的图像，可以看出，效果还是非常好的。

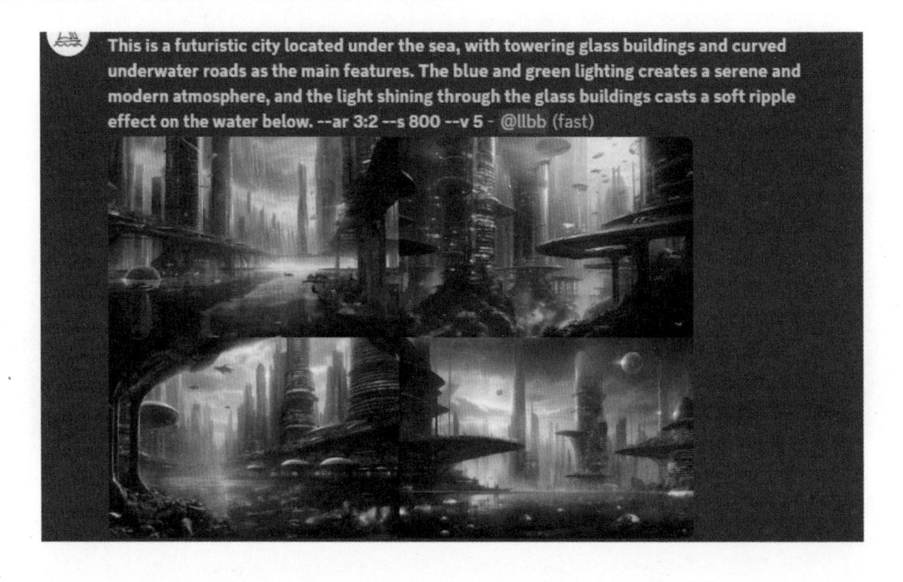

提示语中的容错机制

Mj 具有非常好的容错机制，包括拼写容错与语法容错，这意味着即便在撰写提示语的过程中使用了拼写错误的单词，或使用了错误的语法，也仍然能够得到正确的结果。

例如，下面的提示语 A beautiful chinese gril in red ancient costume is walking on a small path with a ancient Chinaa village , holded a yellow umbrella. cloudy,backview,stones path.wide angle view,full body，分别在拼写、语法上出现了错误。

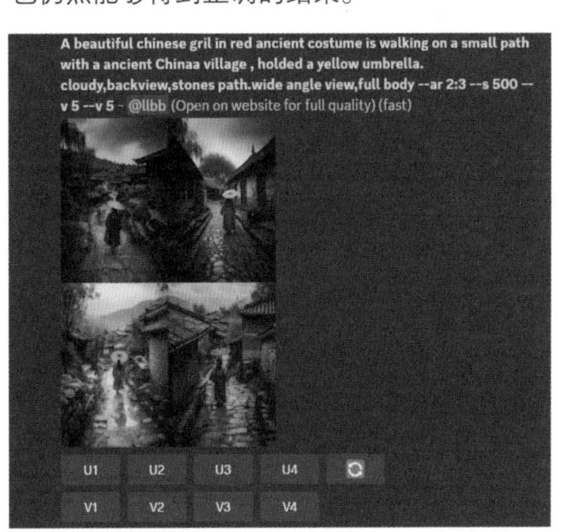

其中 gril 的正确拼写是 girl，with a ancient Chinaa village 的正确语法与拼写是 in a ancient China village，holded 的正确时态应该是 holding，尽管出现了 3 种错误，但是从得到的图像上来看，效果是正确的。

这意味着对于英语基础一般的创作者来说，在保证总体正确性的基础上，不必过分在意语法与不会产生歧义情况下的单词拼写。

提示语中的违禁词规范

与国内的媒体平台也不允许使用许多违禁词一样，使用 Mj 生成图像时，也要注意避免使用与人体隐私、政治、宗教、血腥等负面内容相关的词汇。

目前，Mj 并没有发布违禁词列表，但如果提示语中不小心加入了这样的词汇，Mj 会出现相关提示。例如，当笔者在提示语中加入了 blood、bloody 时，则会自动触发 Mj 的审核机制，弹出如左下图所示的错误提示信息。

如果多次触发这样的提示信息，则账号会被临时禁用，直至被官方人员手工解除禁用限制，如右图所示。

Midjourney Bot ✓机器人 今天11:55

Banned prompt

The word bloody is banned. Circumventing this filter to violate our rules may result in your access being revoked.

/imagine Viking warriors gathered on the desolate plains as the black sky poured down through the dark clouds. Their banners hunted in the wind in anticipation of the coming battle. On one banner were beak-shaped heads that hissed terribly; on the other were broken sword hilts and blood-stained blades, foreshadowing the bloody cruelty to come. The battlefield was filled with the scent of death and pain, and the sound of swords and human cries intertwined to form a stern music. On this battlefield, the soldiers wielded their axes and longswords with great force, their chain armor and iron helmets shining in the light, presenting a magnificent and terrible sight. Their faces were written with anger and majesty as they fought forward for the honor and glory of their clan. The storm swept across the battlefield, blowing the banners and long hair of the soldiers over and over. The rain drenched their armor and weapons, making the battle even more gruesome and brutal. Some soldiers had already fallen to the muddy ground, their blood seeping into the ground and forming a dark red furrow.epic , --ar 9:16 --s 850 --q 3 --v 5

Nsfw alert

You have triggered an abuse alert. Your account is now under manual review. You will be unblocked 40 秒前

/imagine Viking warriors gathered on the desolate plains as the black sky poured down through the dark clouds. Their banners hunted in the wind in anticipation of the coming battle. On one banner were beak-shaped heads that hissed terribly; on the other were broken sword hilts and stained blades, . The battlefield was filled with the scent of death and pain, and the sound of swords and human cries intertwined to form a stern music. On this battlefield, the soldiers wielded their axes and longswords with great force, their chain armor and iron helmets shining in the light, presenting a magnificent and terrible sight. Their faces were written with anger and majesty as they fought forward for the honor and glory of their clan. The storm swept across the battlefield, blowing the banners and long hair of the soldiers over and over. The rain drenched their armor and weapons, making the battle even more gruesome and brutal. Some soldiers had already fallen to the muddy ground, .epic , --ar 9:16 --s 850 --q 3 --v 5

掌握提示语大小写及标点用法

由于 Mj 是一个运行于英文平台的 AI 系统，因此提示语遵从英语语法结构。下面是笔者在创作中总结出来的一些语法要点。

提示语大小写及标点符号规范

提示语是用英文撰写的，在撰写时并没有太多规范，既可以使用大写也可以使用小写，还可以大小写混用，可以使用英文句号或逗号，也可以使用中文句号或逗号。但在撰写参数时，必须使用英文符号，而且要注意使用空格。

正确运用标点符号，可以帮助 Mj 更正确地理解提示语所要表达的意思。

下面 3 组图像使用的是完全相同的提示语，区别在于，左侧图像没有添加任何标点符号，中间的图像添加了正确的标点符号，而右侧的图像添加了错误的标点符号。

对比可见，第三组由于使用了错误的标点符号，导致图像出现明显错误（花出现在雕塑的身上），效果甚至不如完全没有标点的第一组图像。

第一组图像虽然没有添加标点符号，但 Mj 也“猜”到了笔者想要的效果，这表明对于容易理解的语句及常见的单词，Mj 依据大数据是可以“猜”对的。

feminine lakshmi with elegant flowers surrounding her below side view with colored detailing gold edges indian details hyperrealistic extremely realistic cinematric lights global illumination volumetric lights shot by canon dslr wide angle --ar 2:3 --v 5 --q 2 --s 800

feminine lakshmi with elegant flowers surrounding her, below side view with colored detailing gold edges, indian details, hyperrealistic extremely, realistic cinematric lights, global illumination, volumetric lights, shot by canon dslr, wide angle --ar 2:3 --v 5 --q 2 --s 800

feminine lakshmi, with elegant flowers, surrounding her, below side view, with colored detailing, gold edges, indian details, hyperrealistic extremely, realistic, cinematric lights, global illumination, volumetric lights, shot by canon dslr, wide, angle --ar 2:3 --v 5 --q 2 --s 800

另外，在提示语中除了双冒号（::）外，其他的标点符号只起分隔作用。右图所示为笔者分别将逗号换成感叹号与括号后生成的图像，从效果可以看出，这两组图像与上一页中使用逗号得到的图像从效果上看没有多少区别。

feminine lakshmi with elegant flowers surrounding her , below side view with colored detailing gold edges! indian details! hyperrealistic extremely !realistic cinematric lights! global illumination! volumetric lights! shot by canon dslr!wide angle! --ar 2:3 --v 5 --s 800

(feminine lakshmi with elegant flowers surrounding her)(below side view with colored detailing gold edges)(indian details)(hyperrealistic extremely)(realistic cinematric lights)(global illumination)(volumetric lights)(shot by canon dslr)(wide angle) --ar 2:3 --v 5 --s 800

利用双冒号控制文本权重

在使用提示语生成图像时，除非提示语非常简单，否则在一个完整的提示语中都会出现多个控制最终图像的文本短句，利用英文双冒号，可以有效控制不同文本短句对于图像的影响程度，即改变文本的权重。

例如，针对提示语 movie poster design, A pretty chinese girl is charging forward with a sword in hand, snowy weather, petals falling, full body, dynamic pose, the sword shining（电影海报设计，一个美丽的中国女孩手持剑向前冲刺，下雪天，空中飘落着的花瓣，女孩的全身呈现出动感的姿态，手中的剑闪烁着光芒），可以拆解为以下 6 小段控制最终图像的文本短句。

◎ movie poster design（电影海报设计）

◎ A pretty chinese girl is charging forward with a sword in hand（一个美丽的中国女孩手持剑向前冲刺）

◎ snowy weather（下雪天）

◎ petals falling（空中飘落着的花瓣）

◎ full body, dynamic pose（女孩的全身呈现出动感的姿态）

◎ the sword shining （手中的剑闪烁着光芒）

如果不干涉各文本的权重，则 Mj 默认所有权重为 1，生成的图像如下图所示。

如果在各文本短句中添加控制文本权重的英文双冒号，则可使 Mj 更突出某一细节。

下面笔者先展示一个极端的案例，在 snowy weather 与 petals falling 后面分别添加了英文双冒号及较大权重值，使提示语变为 movie poster design, A pretty chinese girl is charging forward with a sword in hand, snowy weather :: 20 petals falling::30, full body, dynamic pose, the sword shining. --ar 2:3 --s 800 --v 5，此时得到的图像如下图所示，可以看出，由于其他段落的权重默认为 1，而 petals falling 为 30，使图像仅突出了空中飘落花瓣的效果。

下面笔者将提示语修改为 movie poster design::30, A pretty chinese girl is charging forward with a sword in hand, snowy weather::4 petals falling::2, full body, dynamic pose, the sword shining . --ar 2:3 --s 800 --v 5，在这个提示语中海报设计权重被提高，因此得到了如右图所示的效果。

必须要掌握的常用提示关键词

虽然，可以使用 Mj 生成千变万化的图像，撰写出来的提示语也各不相同，但其中仍然有一些提示语关键词的使用频率较高。类似于英语中的高频词，只要掌握了这些高频词，就能应对大部分提示语撰写任务。

下面是笔者经常使用的一些提示语高频词。

控制材质的关键词

当要控制生成的图像中对象的材质时，可以使用关键词 made of ……，在 of 后面可以添加任何对象，例如 fly dragon made of electronic components and PCB circuits，使用的材质是电子元件和 PCB 电路板。

例如，按照这个句式，可以生成下方使用 4 种材质制作的鞋子图像。从左到右材质依次为 gold glitter payette（金色闪闪发光的珠片）、mother of pearl and diamonds（珍珠母贝和钻石）、shining diamonds（发光的钻石）、lace and ribbons（蕾丝与丝带）。

控制风格的关键词

风格控制是撰写提示语的重要步骤，可以使用 in style of……句式，在 of 的后面可以添加各种风格，如中式、欧式、维多利亚风格，也可以添加各个艺术家的名称，如梵高、毕加索等，还可以添加知名的 IP 形象，如钢铁侠、星球大战等。

使用……style 句式，并在 style 前面添加关键词可以起到同样的作用。

此外，也可以用 by、design by 句式，在 by 的后面添加风格控制关键词。

例如，按照以上句式，可以生成下页 3 种不同风格的相机。从左到右使用的风格关键词依次为 rococo style（洛可可风格）、star war style（星球大战风格）、optimus prime style（变形金刚擎天柱风格）。

控制图像主题的关键词

使用 the theme of 及 themed 可以让 Mj 明白图像的主题，并在生成图像时添加相对应的元素。

例如，A Harry Potter-themed birthday party，指的是以哈利·波特为主题的生日派对。

A winter wonderland-themed wedding，指的是以冬季仙境为主题的婚礼。

A superhero-themed amusement park，指的是以超级英雄为主题的游乐园。

以上 3 句提示，也可以使用 the theme of 表达。

A birthday party with the theme of Harry Potter

A wedding with the theme of winter wonderland

An amusement park with the theme of superheroes

下面是 A superhero-themed amusement park 生成的游乐园图像，其中明显有许多超级英雄类电影中的元素及符号。

控制背景的关键词

使用 Mj 生成图像，有时需要控制生成图像的背景，如白色、黑色、灰色等，此时可以使用…… background 句式。在 background 前面添加颜色或其他词汇，如 Future city background（未来城市背景）、grassland background（草原背景）、street background（街头背景）、lush forest background（树林背景）。

控制元素数量的关键词

有时可能需要在提示语中添加数量，如 5 个苹果、9 个人等，虽然根据笔者测试，到目前为止，Mj 尚无法精确控制图像中元素的数量。

但这并不意味着，写入数量肯定无法得到正确的图像，例如，在生成左下图所示的图像时，笔者使用的提示语为 There are three girls in the classroom（教室里有 3 个女孩），生成中间图像时使用的提示语为 There are five white doves flying in the square（广场上飞舞着五只白鸽），生成右侧图像时使用的提示语为 There are nine girls in the classroom（教室里有 9 个女孩）。

很明显，这三张图像一正两误，这意味着当在提示语中添加控制元素数量的句式时，得到的结果有随机性。

There are three girls in the classroom

There are five white doves flying in the square

There are nine girls in the classroom

但 Mj 能够较好地处理不太精确的数量，例如可以使用 Few（很少的，少数的）、Several（几个）、Many（许多，很多）、Numerous（大量的）、A couple of（两个，几个）、Dozens of（几十个）、Scores of（许多）、Hundreds of（数百个）、Thousands of（数千个）、large pile of （一大堆的）等关键词，在图像中展示相对正确的非精确元素量级。例如左下方的图像使用了 large pile of （一大堆的）、右下方的图像使用了 Few（很少的，少数的），得到的图像中元素的量级控制是正确的。

large pile of gold jewelry --ar 3:2 --v 5 --s 750 --q 2

few gold jewelry --ar 3:2 --v 5 --s 750 --q 2

撰写提示语的 3 种方法

关键词随机联想法

如果创作者对于希望生成的图像并没有精确的要求，则可以使用这种随机联想法，这种方法只要求创作者提供关于图像的关键词，将这些关键词罗列出来即可，创作者不必撰写出符合语法的长句。

这样做的好处是，如果提供足够多的关键词，生成的图像与心中所构思的图像相差不会太大。

例如，笔者以雾、高山、峡谷、桃花、小溪、夕阳、行者、晚霞、飞鸟（Mist, High Mountains, Canyons, Peach Blossoms, Streams, Sunset, Traveler, Evening Glow, Flying Birds）为关键词生成的图像如下图所示，与心中所构思的场景区别不大。

由于希望生成的是照片类图像，因此在提示语中添加了 shot by Max Rive（由 Max Rive 拍摄），Max Rive 是一位知名的风景摄影师，他的作品以壮观的自然风景和精美的摄影技术著称。

如果希望生成不同类型的图像，可以仅撰写关键词，并注意删除关于图像类型的描述。

例如，笔者以办公室、忙碌、女职员、简洁、高科技、计算机、白色（Office, Busy, Female Staff, Simple, High-tech, Computer, White）为关键词生成的图像如下图所示，其中有两张照片类型的图像，也有简笔画与矢量插图类型的图像。

图像细节描述法及常用关键词

这是最常用的一种方法，即在提示语中详细描述要生成的图像的主要细节。

描述时可以参考下面这个通用模板。

主题 、主角、 背景、环境、气氛、镜头、风格化、参考、图像类型

这个模板的组成要素解释如下。

◎ 主题：要描述出想要绘制的主题，如珠宝设计、建筑设计、贴纸设计等。

◎ 主角：既可以是人也可以是物，对其大小、造型、动作等进行详细描述。

◎ 环境：描述主角所处的环境，如室内、丛林中、山谷中等。

◎ 气氛：包括光线，如逆光、弱光，以及天气，如云、雾、雨、雪等。

◎ 镜头：描述图像的景别，如全景、特写等。

◎ 风格化：描述图像的风格，如中式、欧式等。

◎ 参考：描述生成图像时 Mj 的参考类型，可以是艺术家名称，也可以是某些艺术网站。

◎ 图像类型：包括图像是插画还是照片，是像素画还是 3D 渲染效果等信息。

在具体撰写时，可以根据需要选择一个或几个要素来进行描述。

同时需要注意的是，避免使用没有实际意义的词汇，如画面有紧张的气氛、天空很压抑等。

最后，建议使用简短的小句子，而不要使用大量介词构成的长句。

下面笔者通过分析一个提示语来展示具体应用。

The girls stand on a street corner, one dressed in trendy, streetwear-inspired clothes while the other dons flowy, bohemian attire. The scene features a mix of natural and artificial light, with buildings and cityscape visible in the background. wide angel full portrait --ar 2:3 --s 600 --v 5（女孩们站在街角，一个身穿时尚的街头风装扮，另一个穿着飘逸的波希米亚服饰。背景中可见建筑和城市景观，自然光和人工光混合，广角，全身照）

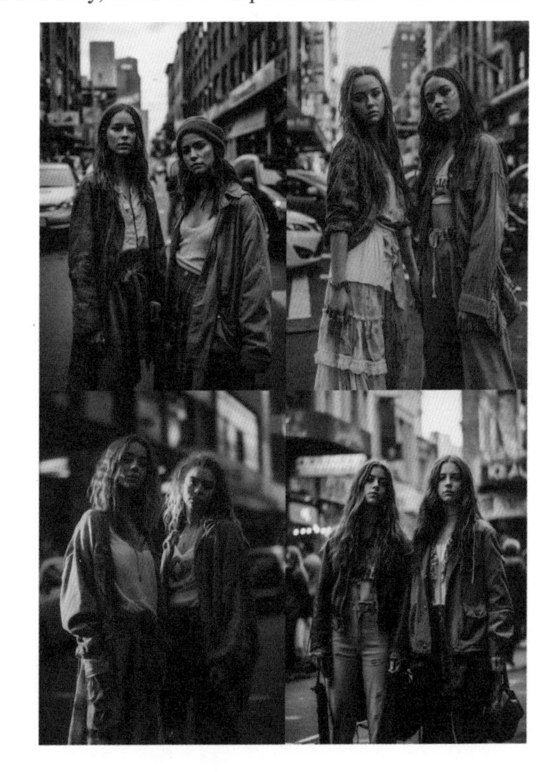

在上面的提示语中，主角是 The girls，动作描述是 stand ，环境是 a street corner 及 with buildings and cityscape visible in the background，主角造型是 one dressed in trendy, streetwear-inspired clothes while the other dons flowy，气氛是 mix of natural and artificial light，构图是 wide angel full portrait，图像类型由参数 --v 5 确定为照片类型。

在使用这种方法描述具体图像时，通常要使用到下面列举的景别、视角、光线、情绪、天气、环境、材质等方面的关键词。

景别关键词

特写 Close-Up、中特写 Medium Close-Up、中景 Medium Shot、中远景 Medium Long Shot、远景 Long Shot、背景虚化 Bokeh、全身照 FullLength Shot、大特写 Detail Shot、腰部以上 Waist Shot、膝盖以上 Knee Shot、脸部特写 Face Shot

视角关键词

广角视角 Wide Angle View、全景视角 Panoramic View、低角度视角 Low Angle Shot、俯拍视角 Overhead、常规视角 Eye-level、鸟瞰视角 Aerial View、鱼眼视角 Fisheye Lens、微距视角 Macro Lens、顶视图 Top View、称轴视角 Tilt-Shift、卫星视角 Satellite View、底视角 Bottom View、前视 Front View、侧视 Side View、后视 Back View

光线关键词

体积光 Volumetric Lighting、电影灯光 Cinematic Lighting、正面照明 Front Lighting、背景照明 Back Lighting、边缘照明 Rim Lighting、全局照明 Global Llluminations、工作室灯光 Studio Lighting、自然光 Natural Light

情绪关键词

愤怒 Angry、高兴 Happy、悲伤 Sad、焦虑 Anxious、惊讶 Surprised、恐惧 Afraid、羞愧 Embarrassed、厌恶 Disgusted、惊恐 Terrified、沮丧 Depressed

天气关键词

晴天 Sunny、阴天 Cloudy、雨天 Rainy、下雨 Rainy、暴雨 Torrential rain、雪天 Snowy、小雪 Light snow、大雪 Heavy snow、雾天 Foggy、多风 Windy

环境关键词

森林 Forest、沙漠 Desert、海滩 Beach、山脉 Mountain range、草原 Grassland、城市 City、农村 Countryside、湖泊 Lake、河流 River、海洋 Ocean、冰川 Glacier、峡谷 Canyon、花园 Garden、森林公园 National Park、火山 Volcano

材质关键词

木头 Wood、金属 Metal、塑料 Plastic、石头 Stone、玻璃 Glass、纸张 Paper、陶瓷 Ceramic、丝绸 Silk、棉布 Cotton、毛料 Wool、皮革 Leather、橡胶 Rubber、珍珠 Pearl、大理石 Marble、珐琅 Enamel、绸缎 Satin、细麻布 Linen、纤维素 Cellulose、金刚石 Diamond、羽毛 Feather

原型法

原型是指具有代表性的模式或模型，可以是陈述、行为模式、对象等。使用原型法撰写提示语，不仅可以让 Mj 更准确地理解创作者描述的事物，而且还可以让提示语更简洁。

例如，当想要描述一个小宠物向邮箱送信的场景时，可以直接用这个场景的原型送信。

所以如果按细节法撰写提示语，可能得到的是 a puppy with an envelope in its mouth walking down the street toward a mailbox（一只狗，口中叼着信封，在街上向邮箱跑去），使用此提示语生成的图像如左图所示。

而如果按原型法描述，则可以撰写为 a puppy delivering mail （一只小狗在投递邮件），使用此提示语生成的图像如中图所示。

如果按第一种随机联想法描述，则可能是 a puppy,run,mail（小狗、跑、邮件），使用此提示语生成的图像如右图所示。

使用这种方法的难点在于，Mj 的内核是对英文词汇的理解与解析，因此当中文语境下的创作者想要使用原型法来表达一个心中所想的场景时，可能很难找到准确的原型词汇。

但这并不意味着这种方法对于创作者意义不大，因为，绝大部分创作者在撰写提示语时会依靠翻译软件，甚至是 ChatGPT，如果在翻译软件或 ChatGPT 给出的答案中能找到符合原型法思路的词汇，可以优先尝试使用。

利用提示语中的变量批量生成图像

单变量的使用方法

在最新的 Mj 版本中，可以使用类似于编程中排列组合各类变量的方法来批量生成图像。

基本方法是将参数变量放在 {} 中，并以逗号进行分隔。

例如，当创作者撰写并执行 a naturalist illustration of a {pineapple, blueberry, rambutan, banana} bird 这样一个提示语时，实际上 Mj 将会把这条提示语分解为以下 4 条，从而生成 4 组四格初始图像。

a naturalist illustration of a pineapple bird

a naturalist illustration of a blueberry bird

a naturalist illustration of a rambutan bird

a naturalist illustration of a banana bird

可以看出来，这样的命令格式大大加快了创作者生成图像的效率，当然也会大大加快了创作者消耗订阅时间的速度。

除了可以在提示语的文本段落中使用变量，还可以将参数当作变量使用。

例如，当创作者撰写并执行 a bird --ar {3:2, 1:1, 2:3, 1:2} 这样一个提示语时，实际上 Mj 将会把这条提示语分解为以下 4 条，从而生成 4 组内容相同但画幅比例不同的四格初始图像。

a bird --ar 3:2

a bird --ar 1:1

a bird --ar 2:3

a bird --ar 1:2

同理，也可以将 --s、--v、--c、--q 等参数当作变量加到提示语中。

多变量的使用方法

在一组提示语中，可以使用多个变量。

例如，当创作者撰写并执行 a {bird,dog} --ar {3:2, 16:9} --s {200，900} 这样一个提示语时，实际上，Mj 将会把这条提示语分解为以下 8 条，从而生成 8 组内容不同、画幅比例不同、风格不同的四格初始图像。

a bird --ar 3:2 --s 200

a bird --ar 16:9 --s 200

a bird --ar 3:2 --s 900

a bird --ar 16:9 --s 900

a dog --ar 3:2 --s 200

a dog --ar 16:9 --s 200

a dog --ar 3:2 --s 900

a dog --ar 16:9 --s 900

嵌套变量的使用方法

前面列举的都是单变量使用实例，根据需要还可以使用更复杂的嵌套变量。

例如，当创作者撰写并执行 A {sculpture, painting} of a {apple {on a pier, on a beach}, dog {on a sofa, in a truck}} 这样一个提示语时，实际上 Mj 将会把这条提示语分解为以下 8 条，从而生成 8 组不同的四格初始图像。

A sculpture of a apple on a pier.

A sculpture of a apple on a beach.

A sculpture of a dog on a sofa.

A sculpture of a dog in a truck.

A painting of a apple on a pier.

A painting of a apple on a beach.

A painting of a dog on a sofa.

A painting of a dog in a truck.

以下为对变量组合的拆解。

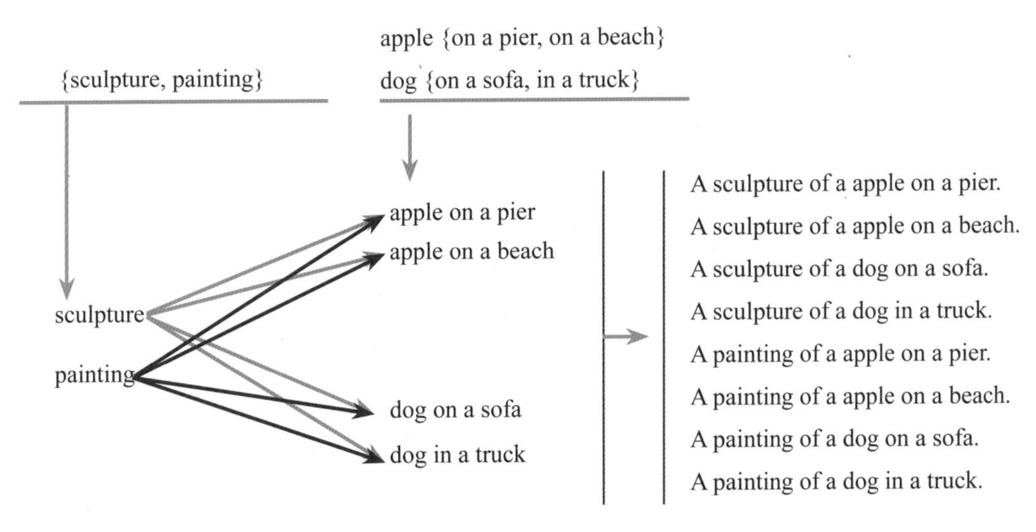

使用变量来撰写提示语的方法特别适合于完成形式固定、图像各异的任务，例如，要为涂色书生成一批图像，则可以使用提示语 Coloring page for adults, clean line art, {Dog，Cat，Elephant，Tiger，Lion，Bear，Deer，Giraffe，Monkey，Penguin，Dolphin，Whale，Kangaroo，Crocodile，Snake} --v 4 --s 750。

这样就能一次性针对 15 种动物生成 60 幅涂色图像，极大地提高了效率。

以图生图的方式创作新图像

基本使用方法

Mj 具有很强的模仿能力，可以使用图像生成技术生成类似于原始图像的新图像。这种技术使用深度学习神经网络模型来生成具有相似特征的图像。

在图像生成中，神经网络模型通常被称为生成对抗网络（Generative Adversarial Network，GAN），由生成器（Generator）和判别器（Discriminator）两个神经网络组成。生成器负责生成新图像，而判别器负责识别生成器生成的图像是否与真实图像相似。这两个神经网络不断互相对抗和学习，使得生成的图像逐渐接近创作者上传的参考图像。

使用步骤如下所述。

1. 单击命令行中的 + 号，在菜单中选择“上传文件”命令，然后选择参考图像。

2. 图像上传完成后，会显示在工作窗口。

3. 选中这张图像，然后单击鼠标右键，在弹出的快捷菜单中选择“复制图片地址”命令，然后单击其他空白区域，退出观看图像状态。

4. 输入或找到 /imagine 命令，在参数区先按【Ctrl+V】组合键执行粘贴操作，将上一步复制的图片地址粘贴到提示语最前方，然后按空格键，输入对生成图片效果、风格等方面的描述，并添加参数，按回车键确认，即可得到所需的效果。

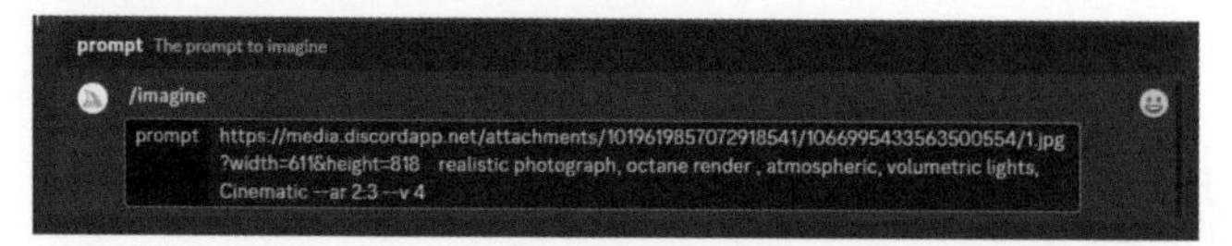

左下图所示为笔者上传的参考图像，中图所示为生成的四格初始图像，右图所示为放大其中一张图像后的效果，可以看出来整体效果与原参考图像相似，质量不错。

图生图创作技巧 1——自制图

使用图生图时，一个有用的技巧是自制参考图，这需要有一定的 Photoshop 软件应用技巧，但却可以得到更符合需求的参考图。创作者可以根据自己的想象，将若干个元素拼贴在一张图中，操作时无须考虑元素之间的颜色、明暗匹配关系，只需考虑整体构图及元素比例即可。

例如，左图所示为笔者使用若干元素拼贴的一张参考图，可以明显看出各个元素之间的颜色与明暗有很大差异。

中图所示为根据此参考图得到的四张初始图像，右图所示为放大后的效果。

下面展示一些笔者使用这种自制图方法制作的示例。

图生图创作技巧 2——多图融合

在前面的操作示例中，笔者使用的都是一张图，但实际上，创作者可以根据需要使用多张图像执行图像融合操作。

但操作方法与使用一张图并没有不同，区别在于需要上传 2 张以上的图像。

如果希望控制图像融合的效果，可以在提示语中图片地址的后方输入希望生成的图像效果及风格，如果只希望简单融合图像，可以只输入参数值。

例如，在创作下面的两组图像时，笔者都只输入了参数值，因此最终融合得到的图像是由 Mj 平衡地提取了参考图像中最典型的特征后生成的。

例如，第一组图像中左侧参考图的武器、长发，中间图像的齿轮、服装，均很融洽地出现在最终的融合图像中。

第二组图像由于两张参考图像彼此相差较大，因此，虽然最终的效果也能明显看出两张图片的特征，但整体效果比较出乎意料。这也提示创作者，在融合时最好不要使用完全不相同的图，或者注意在提示语中添加关键词以对效果进行控制。

图生图创作技巧 3——控制参考图片权重

当用前面所讲述的以图生图的方法进行创作时，可以用图像权重参数 --iw 来调整参考图像对最终效果的影响效果。

较高的 --iw 值意味着参考图像对最终结果的影响更大。

不同的 Mj 版本模型具有不同的图像权重范围。

对于 V5 版本，此数值默认为 1，数值范围为 0.5 ~ 2。对于 V3 版本，此数值默认为 0.25，数值范围为 – 10000 ~ 10000。

右图所示为笔者使用的参考图，提示语为 flower --v 5 --s 500，下面 4 张图为 --iw 参数为 0.5（左上）、1（右上）、1.5（左下）、2（右下）时的效果。

通过图像可以看出来，当 --iw 数值较小时，提示语 flower 对最终图像的生成效果影响更大；但当 --iw 数值为 2 时，生成的最终图像与原始图像非常接近，提示语 flower 对最终图像的生成效果影响不大。

用 blend 命令混合图像

/blend 是一个非常有意思的命令，当创作者上传 2 ～ 5 张图像后，可以使用此命令将这些图像混合成一张新的图像，这个结果有时可以预料，有时则完全出乎意料。

基本使用方法

1. 在命令行中找到或输入 /blend 后，则 Mj 显示如下图所示的界面，提示创作者要上传两张图像。

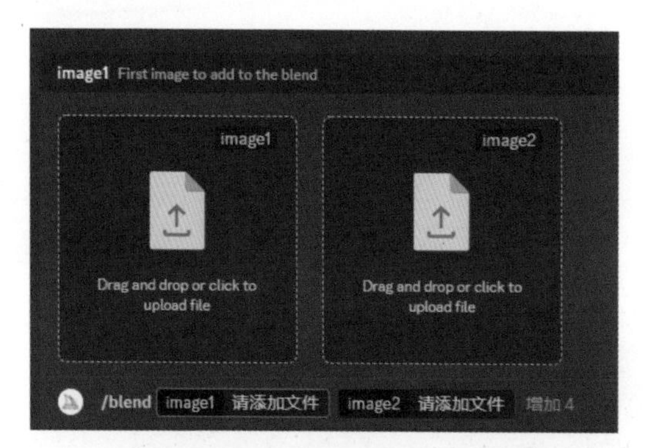

2. 可以直接通过拖动的方法将两张图像拖入上传框中，下图就是笔者上传图像后的界面。

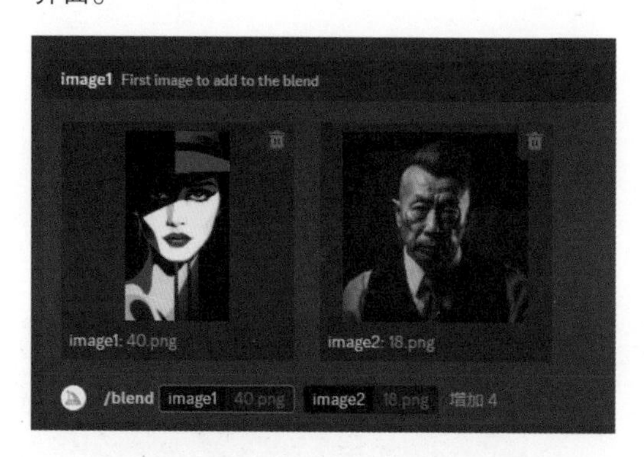

3. 在默认情况下，混合生成的图像是正方形的，但创作者也可以自定义图像比例，方法是在命令行中单击一下，此时 Mj 会显示更多参数，其中 dimensions 用于控制比例。

4. 选择 dimensions 后，可以选择 Portrait、Square、Landscape 3 个选项，其中 Portrait 生成 2:3 的竖画幅图像，Square 生成正方形图像，Landscape 生成 3:2 的横画幅图像。

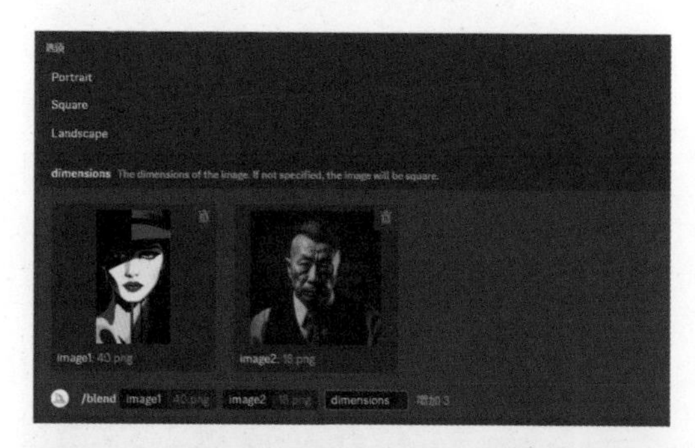

5. 按回车键后，则 Mj 开始混合图像，得到如右侧图所示的效果。

混合示例

可以尝试使用 /blend 命令混合各类图像，以得到改变风格、绘画类型、颜色等元素的图像，下面是一些示例，左侧两图为原图，右侧两图为混合后的效果。

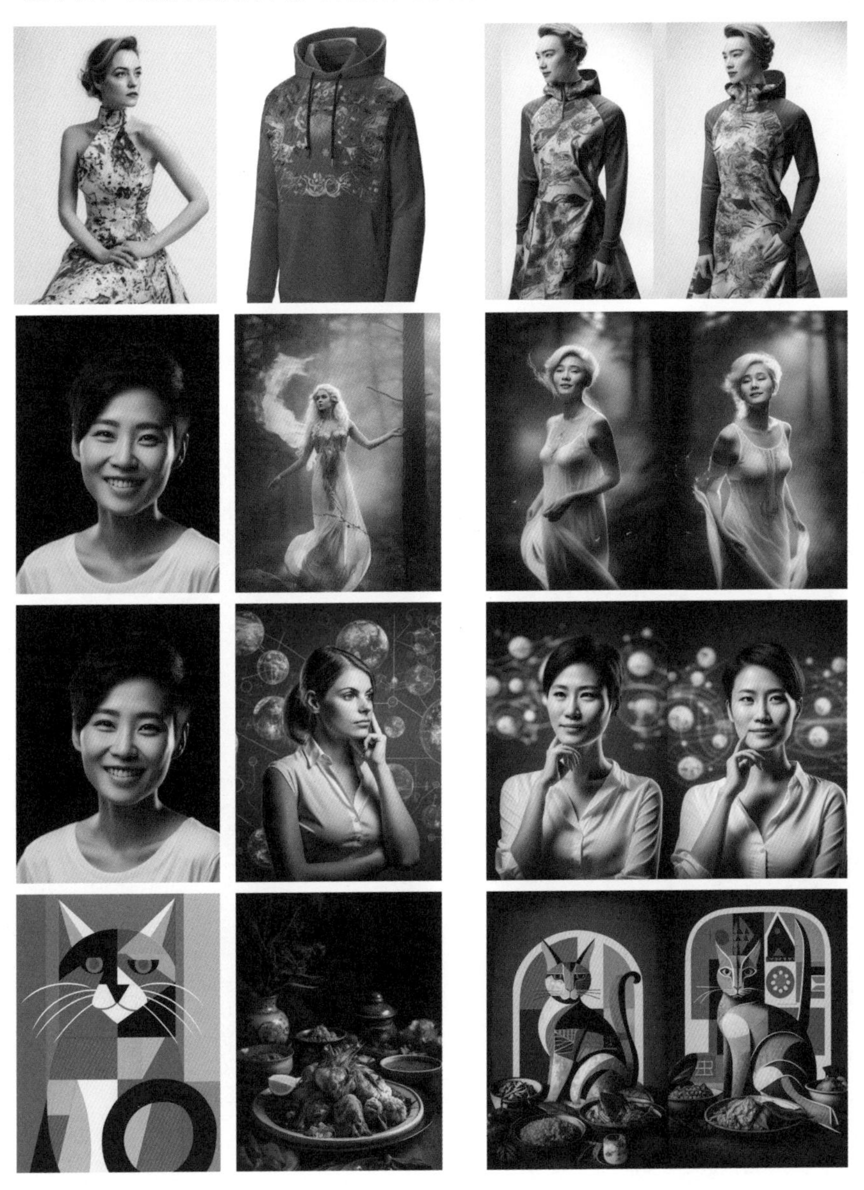

使用注意事项

使用 /blend 命令混合图像的优点是操作简单，缺点是无法输入文本提示语。因此，如果希望在混合图像的同时，还能够输入自定义的提示语，应该使用前面所讲述的 /imagine 命令，通过上传图像后获得图像链接地址进行混合的方法。

用 Describe 命令自动分析图片提示语

Mj 的一大使用难点就是撰写准确的提示语，这要求使用者有较高的艺术修养与语言功底，针对这一难点 Mj 推出了 Describe 命令。

使用这一命令，可以让 Mj 自动分析使用者上传的图片，并生成对应的提示语。虽然每次分析的结果可能并不完全准确，但大致方向并没有问题，使用者只需在 Mj 给出的提示语基础上稍加修改，就能够得到个性化的提示语，进而生成令人满意的图像。

下面是基本使用方法。

1. 找好参考图后，在 Mj 命令行处找到 /describe 命令，此时 Mj 将显示一个文件上传窗口。

2. 将参考图直接拖到此窗口以上传此参考图，然后按回车键。

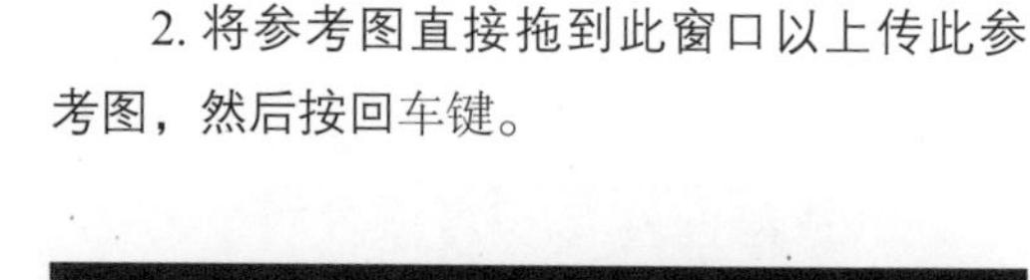

3. 分析 Mj 生成的提示关键词，在图片下方单击认可的某一组提示语的序号按钮。

4. 笔者在此单击的是 1 号按钮，并在打开的文本框中对提示语进行了修改。

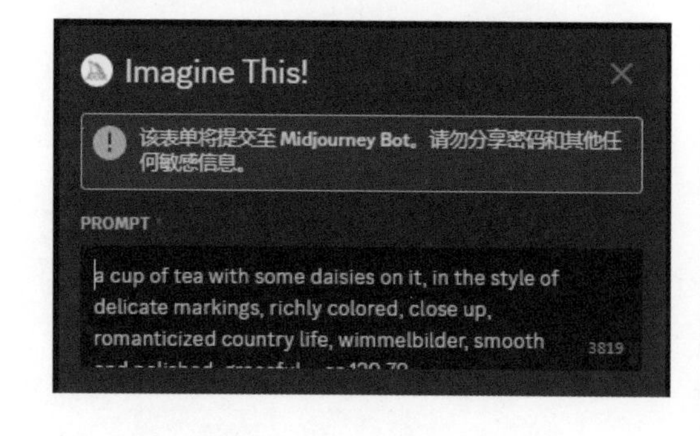

5. 第一次生成的效果如下图所示，可以看到效果并不理想，因此，需要重新调整提示语。

6. 分析提示语后发现，由于 Mj 分析生成的提示语中没有针对视角及杯子的描述词，因此笔者将提示语修改为 aerial view,a cup of tea with some daisies on it,Victoria style ceramic tea cup, luxury , richly colored, close up, smooth and polished, graceful，并添加了参数 --ar 3:2 --v 5 --q 2 --s 100，最终得到以下效果，可以看出，位于左下角的 3 号方案基本上能够满足要求。

用 show 命令显示图像 ID

在 Mj 中生成的每一张图像都有一个唯一的 ID 值。

通过图像的 ID 值，可以重新在生成列表中显示这个图像，以便在此基础上获得图像的 seed 值，或对此图像执行衍变操作。

从文件名中获得 ID

如果已经下载了自己的图像，可以通过查看图像的文件名获得 ID。

例如，一个图像的文件为 llbb_A_dog_in_blue_suit_clothes_and_a_cat_in_red_suit_clothes_s_e7978f3c-b012-43ec-bd7e-4e16db111bd0.png，其中，e7978f3c-b012-43ec-bd7e-4e16db111bd0 为 ID 值。

从网址中获得 ID

如果在自己的作品页面打开了图像，则可以从网址栏中找到 ID。例如，笔者打开了自己的一张图像，地址栏显示 https://www.Mj.com/app/jobs/217cef0c-d8ed-44a6-9dfb-98633c2573e8/，其中，217cef0c-d8ed-44a6-9dfb-98633c2573e8 为 ID 值。

通过互动获得 ID

除了上述方法，还可以使用前面曾经讲解过的获得 seed 数值的方法获得 ID 值，seed 值上方的 Job ID 后面显示的就是 ID 值。

用 ID 重新显示图像

获得 ID 值后，可以使用 /show 命令重新显示此图像。

显示图像后，可以单击 U1 ~ U4 按钮来放大图像，或单击 V1 ~ V4 按钮来衍变图像。

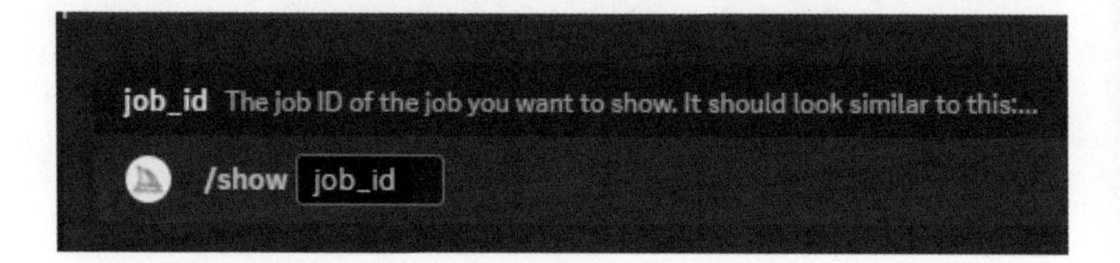

用 Remix 命令微调图像

如前所述，当生成四格初始图像时，单击 V 按钮，可以在某一张初始图像的基础上，再执行衍变操作生成新的图像。此时执行的衍变操作基本上是随机的，创作者无法控制衍变的方向与幅度。

为了增加效果的可控性及图像的精确度，Mj 新增了 /prefer remix 命令。执行此命令后，可以进入 Mj 的可控衍变状态，Mj 将弹出如下提示，提示创作者进入了 remix 模式。

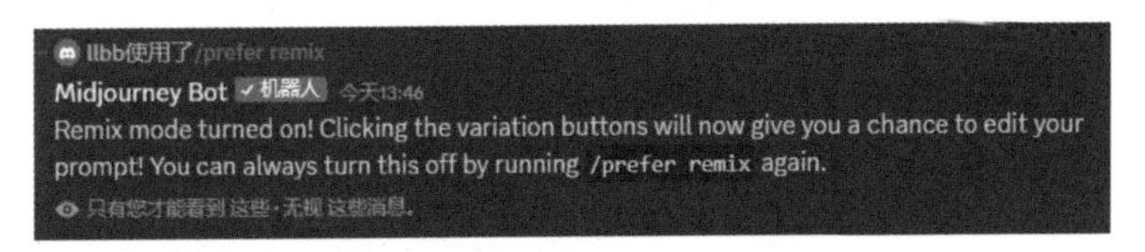

此时，再单击 V 按钮，将弹出一个提示语修改框，在此框中修改关键词后，即可使 Mj 在衍变时更精确，得到的效果也更可控。

例如，笔者使用提示语 wonderful ethereal ancient chinese white gold dragon floats over a crazy wave sea, high quality, cloudy --s 1000 --q 2 --v 5 --ar 3:2 生成了右侧的图像，其中龙的身体被定义为金色。

针对上图右上角的图像，如果希望将龙的颜色修改为银色，则可以单击对应的 V2 按钮。

在弹出的 Remix Prompt 对话框中将 white gold dragon 修改为 silver dragon，可以得到下页展示的银色龙身。

可以根据需要再次做衍变处理，例如，笔者单击 V1 按钮后，在弹出的对话框中添加了 red glowing eyes 关键词，为龙增加发红光的眼睛，此时得到如右侧所示的图像。

用 info 命令查看订阅及运行信息

在 Mj 命令区输入或找到 /info 命令，直接按回车键，可以显示如下信息，以查看自己账户的运行情况。

Your info（你的信息）

Subscription: Standard (Active monthly, renews next on 2023 年 4 月 27 日晚上 8 点 54 分)

订阅：标准版（已激活，下次续订时间为 2023 年 4 月 27 日晚上 8 点 54 分）

Job Mode: Relaxed（任务模式：轻松模式）

Visibility Mode: Public（可见性模式：公开）

Fast Time Remaining: 0.85/15.0 hours (5.64%) [快速时间剩余：0.85/15.0 小时（5.64%）]

Lifetime Usage: 7043 images (118.97 hours) [已使用情况：7043 张图片（118.97 小时）]

Relaxed Usage: 1575 images (24.77 hours) [轻松模式使用情况：1575 张图片（24.77 小时）]

Queued Jobs (fast): [0 待处理的任务（快速）：0]

Queued Jobs (relax): [0 待处理的任务（轻松）：0]

掌握 Midjourney 生成图像参数

理解参数的重要性

如前所述，在使用 Mj 生成图像时，需要使用参数控制图像的画幅、质量、风格，以及用于生成图像的 Mj 版本。正确运用这些参数，对于提高生成图像的质量非常重要。

例如，左下图与右下图使用的提示语与大部分参数均相同，只是左下图使用了 --v 5 参数，右下图使用了 --niji 5 参数，从而使得到的两组图像风格截然不同。

参数撰写方式

在提示语后面添加参数时必须使用英文符号，而且要注意空格问题。

例如，--iw 0.5，不能写成为 --iw0.5，否则 Mj 就会报错。在右侧所示的两个错误消息中，Mj 提示 --v5 与 --s800 格式有误，应该为 --v 5 与 --s 800。

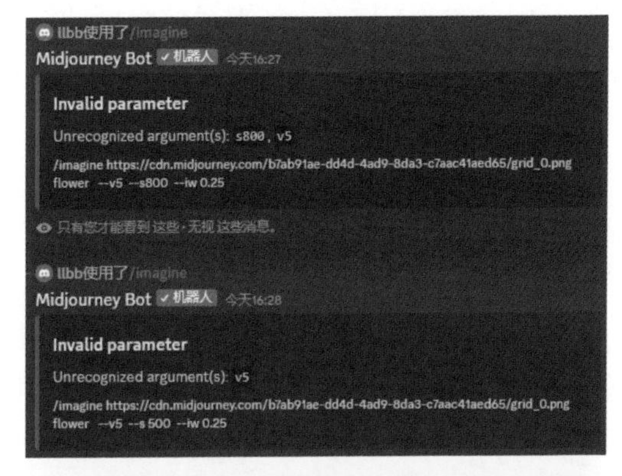

另外，参数的范围也要填写正确，例如，在右侧所示的错误中，Mj 提示在 V5 版本中 --iw 的数值范围为 0.5 ~ 2，因此填写 0.25 数值是错误的。各参数的范围在后面的章节中均有讲解。

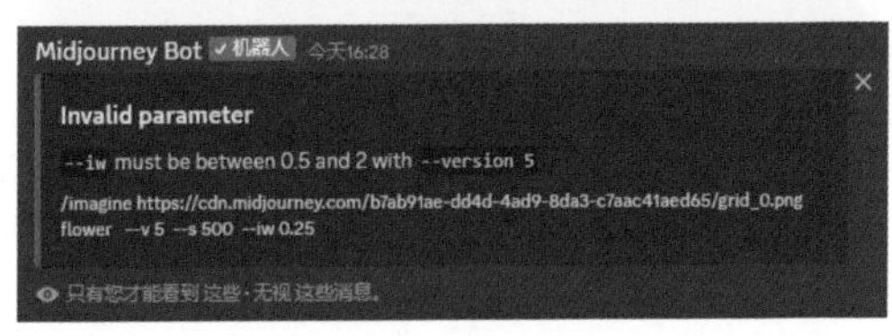

随着 Mj 的功能逐渐完善、强大，还会有更多新的参数，但只要学会观看 Mj 的错误提示信息，就能轻松修改参数填写错误。

了解 Midjourney 的版本

Mj 虽然运行在网页端，但其实质仍然是一个软件，所以也具有软件版本号，只是与其他软件不同。不同版本的 Mj 并没有严格意义上的替代关系，因为不同版本的 Mj 擅长生成风格不同的图像。

V5 版本介绍

V5 版本于 2023 年 3 月 15 日发布，擅长生成照片、写实类图像，且能生成分辨率更高的图像，如下面展示的玩偶手办及人像。除非在提示语中指定了图像类型，否则默认情况下使用此版本生成的图像均为照片类型。

V5.1 版本介绍

V5.1 版本于 2023 年 5 月 4 日发布，引入了 AI 自主理解功能，因此在图片生成方面更加贴近现实和用户的意图，对于生成广告、平面设计类图像来说有较大提升。与 V5 版本相比，使用此版本生成图像时，Mj 会自动添加符合提示语的细节。

V4 版本介绍

V4 版本也能够生成不错的照片、写实类图像，但就真实程度上来看稍逊于 V5 版本，尤其是在生成人的面部与手时，图像容易出现变形。但在图像的创意及艺术程度上高于 V5 版本，因此如果生成的是如下图所示的插画、幻想、科幻等类型的图像，可以优先考虑 V4 版本。

V3 版本介绍

V3 版本目前已经不建议使用，其特点是与 V4、V5 版本相比，V3 版本生成的图像更加抽象，图像有较多杂色，且图像的整体性较低。下面是使用 V3 版本生成的图像。

但正是由于 V3 具有图像发散程度更高、更抽象的特性，因此可以用它来生成参考图，然后用本书讲解的以图生图的方式，使用 V4 或 V5 版本生成高质量图像，因此也不能说 V3 版本完全一无是处。

Niji 版本介绍

Niji 是 Mj 专门用于生成插画类图像的模型，目前有两个版本，分别是 Niji version 4 与 Niji version 5，两个版本的区别及使用方法在本书第 6 章中有详细讲解。

无论使用哪一个版本，均能够得到高质量插画图像，下面是使用 Niji version 5 生成的作品。

使用参数 --v 可以定义 V3、V4、V5 版本，如：--v 4、--v 5。

使用参数 --niji 4、--niji 5 可以定义 niji 的两个版本。

用 aspect 参数控制图像比例

可以用参数 --aspect 来控制生成图像的比例。默认情况下，--aspect 值为 1:1，生成正方形图像。

如果使用的是 --v 5 版本，可以使用任意正数比例。

但如果使用的是其他版本，则需要注意比例的限制范围。对于 --v 4 版本，此数值仅可以使用 1:1、5:4、3:2、7:4、16:9 等比例值。

在实际使用过程中，--aspect 可以简写为 --ar。

--ar 1:2

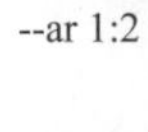

--ar 9:16

--ar 3:4

--ar 1:1

--ar 4:5

--ar 2:3

用 quality 参数控制图像质量

在使用 Mj 时，可以使用参数 --quality 来控制生成图像的质量。较高的质量设置参数，需要更长的处理时间，但会产生更多细节。然而，较高的值也会消耗更多的 GPU 时间，因此会更消耗自己订阅的 GPU 时间量。

需要注意的是，较高的质量参数不一定更好，这取决于生成的图像的风格类型。例如，较低的 --quality 参数设置可能会更抽象外观，而较高的值可能会改善建筑、人像等需要更多细节的图像类型。

默认情况下，--quality 值为 1。如果使用的是 --v 5 及 --v 4 版本，则此数值的范围为 0.25 ～ 5。

在实际使用过程中，--quality 被简写为 --q，此参数设置不影响图像的分辨率。

在下面的 3 张图中，左侧为值是 0.25 时的效果，中间为值是 2 时的效果，右侧为值是 5 时的效果。

对比 3 幅图像可以看出，图像的精细程度有明显差异。需要注意的是，当生成矢量化、块面化、细节较少的图像时，修改此数值得到的图像之间的区别并不大。

television, icon, white background,isometric --v 4 --q 5

television, icon, white background,isometric --v 4 --q 0.5

用 stylize 参数控制图像风格化

在使用 Mj 时，可以使用参数 --stylize 来控制生成图像的艺术化程度。较高的设置参数，需要更长的处理时间，但得到的效果更加艺术性，因此图像中有时会出现大量提示语没有涉及的元素，这也意味着最终得到的效果与提示语的匹配度更差。反之，越低的数值可使图像更加贴近提示语，但效果的艺术性也往往较低。

默认情况下，--stylize 值为 100。如果使用的是 --v 5 及 --v 4 版本，则此数值的范围为 100 ~ 1000。

在实际使用过程中，--stylize 被简写为 --s，此参数设置不影响图像的分辨率。

在下面的两排图像中，第一排参数为 1000，第二排参数为 100，这导致图像艺术化差异明显。

Photograph taken portrait by Canon EOS R5,full body, A beautiful queen dress chinese ancient god clothes on her gold dragon throne ,Angry face, finger pointing forward,splendor chinese palace background， super wide angle,shot by 24mm les,in style of Yuumei Art, full portrait, 8k, photorealistic , elegant, hyper realistic, super detailed, portrait photography, global illumination --ar 2:3 --stylize 1000 --q 2 --v 5

Photograph taken portrait by Canon EOS R5,full body, A beautiful queen dress chinese ancient god clothes on her gold dragon throne ,Angry face, finger pointing forward,splendor chinese palace background， super wide angle,shot by 24mm les,in style of Yuumei Art, full portrait, 8k, photorealistic , elegant, hyper realistic, super detailed, portrait photography, global illumination --ar 2:3 --stylize 100 --q 2 --v 5

用 chaos 参数控制差异化

在使用 Mj 时，可以使用参数 --chaos 影响图像初始网格图的差异化程度。

较高的 --chaos 值会使 4 个网格图中的图像产生更大的区别，反之，使用较低的 --chaos 值，则会使 4 个网格图中的图像更相似。

默认情况下，此数值为 0。如果使用的是 --v 5 及 --v 4 版本，则此数值的范围为 0 ~ 100。在实际使用过程中，--chaos 被简写为 --c。

在下面的图像中，由于第二组使用了 --c 90 参数，因此 4 张图像之间有非常明显的差异。

natural lighting to highlight Persian Cat with whiskers with soft white curls ,full portrait shot of the cat , side view,action pose ,cat playing ball ,Use of a shallow depth of field to blur the background --q 2 --s 750 --ar 3:2 --v 5 --c 0

natural lighting to highlight Persian Cat with whiskers with soft white curls ,full portrait shot of the cat , side view,action pose ,cat playing ball ,Use of a shallow depth of field to blur the background --q 2 --s 750 --ar 3:2 --v 5 --c 90

用 repeat 参数重复执行多次生成操作

如果在Mj提示语后添加--repeat或--r参数，可以针对同样的提示语生成多组四格图像，例如，添加 --r 4，可以对提示语执行 4 次生成操作。

需要注意的是，针对不同等级的订阅用户，可以使用的数值范围不同。

针对标准用户，数值范围为 2 ～ 10。

针对 Pro 级用户，数值范围为 2 ～ 40。

建议在使用此参数时，配合前面讲解过的 --chaos 参数，这样就能快速生成大量可供选择的图像。

由于此命令会快速消耗订阅时间，因此执行时会弹出下图所示的提示。

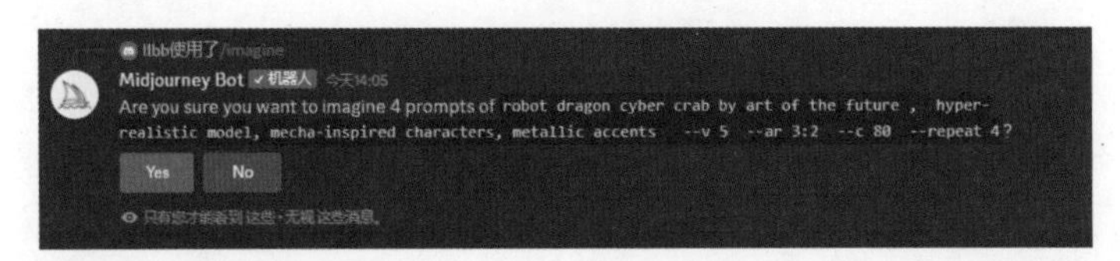

单击 Yes 按钮后，进入执行队列。

下面展示的是一级得到的 4 组效果，由于使用了 --c 80 参数，效果之间区别很大。

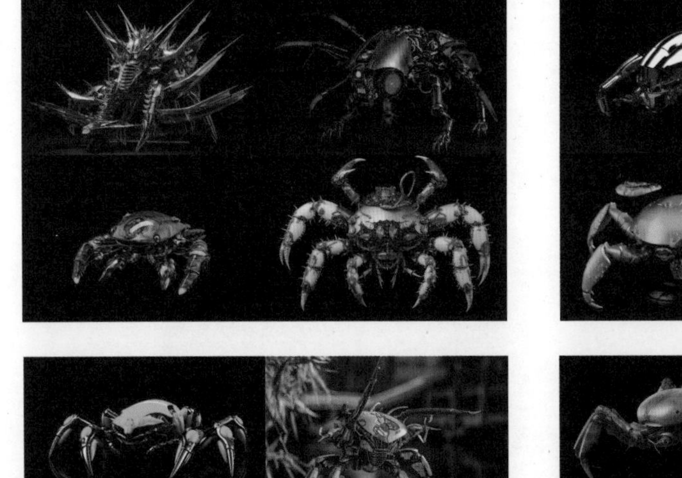

用 stop 参数控制图像完成度

如果在 Mj 提示语后添加 --stop 参数，则可以根据此参数的数值得到不同进度的生成图像。此参数的默认值为 100，意味着每次生成的图像完成度是 100%。

下面展示的是使用不同的 --stop 参数获得的图像。

这个参数并不常用，但如果对提示语生成的效果没有把握，为了节省订阅时间，可以使用 --stop 50，得到一张完成度为 50% 的图像，在观看此图像的基础上微调提示语。

当然，有时使用这一参数生成的未完成图像也恰好就是创作者需要的效果。

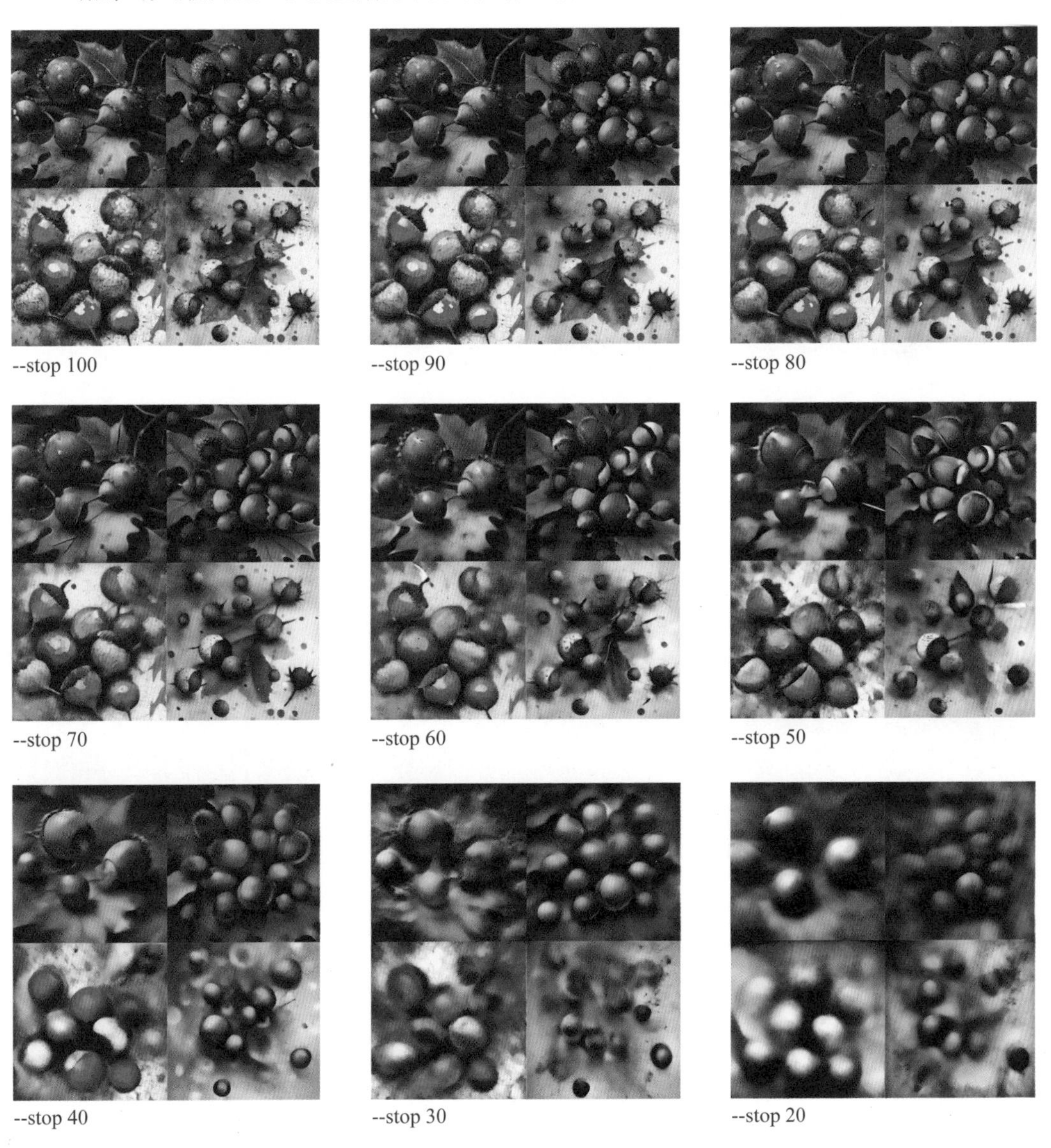

--stop 100　--stop 90　--stop 80

--stop 70　--stop 60　--stop 50

--stop 40　--stop 30　--stop 20

用 no 参数排除负面因素

如果不希望在生成的图像中包括某种颜色或元素，可以在 Mj 提示语后添加 --no 参数，然后添加针对性的负面词。

例如，针对 A girl smiled and reached out to receive a gift，a square-shaped wrapped box，clear background，vivid color，colorful --ar 3:2 --v 5 --c 10 --s 300 这一组提示语，生成的图像如左下图所示，如果不希望在图像中包括红色，可以在这个提示语后面添加 --no red，这样生成的图像中就不会有红色，如右下图所示。

用 version 参数指定版本

如前所述，Mj 有多个版本，每个版本的算法各不相同，因此得到的图像风格也不同。在使用提示语时，可以在提示语后面添加 --version 或 --v 参数，从而为当前要生成的图像指定不同的 Mj 版本。下面展示了同样一组参数分别使用 --v 5、--v 4、--v 3 得到的效果。

--v 5

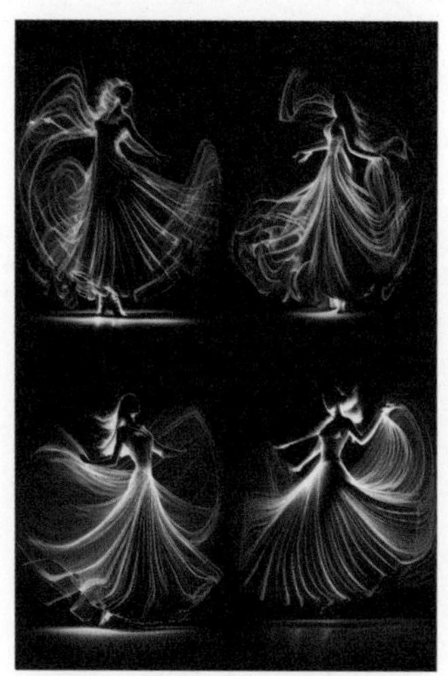

--v 4

--v 3

用 seed 参数生成相同图像

Mj 在生成图像时，会使用一个 seed 数值来初始化原始图像，然后再根据这个原始图像利用算法逐步推演改进，直至得到创作者想要的图像。

seed 数值通常是一个随机数值，因此，如果不刻意使用此命令参数，即便用相同的提示语也不可能生成相同的图像，这也是为什么在学习本书及其他提示语类教程时，即便创作者照搬照套提示语，也无法得到与示例图相同的图像的原因。

如果要得到相同的图像，可以为提示语指定同一 seed 值。

但需要指出的是，创作者只能够获得自己曾经创作的作品的 seed 值，无法获得他人创作的 seed 值。

获得 seed 值方法

1. 在自己的创作界面中找到需要获得 seed 的作品，将光标放在提示语上，此时可以看到右侧有 3 个小点。

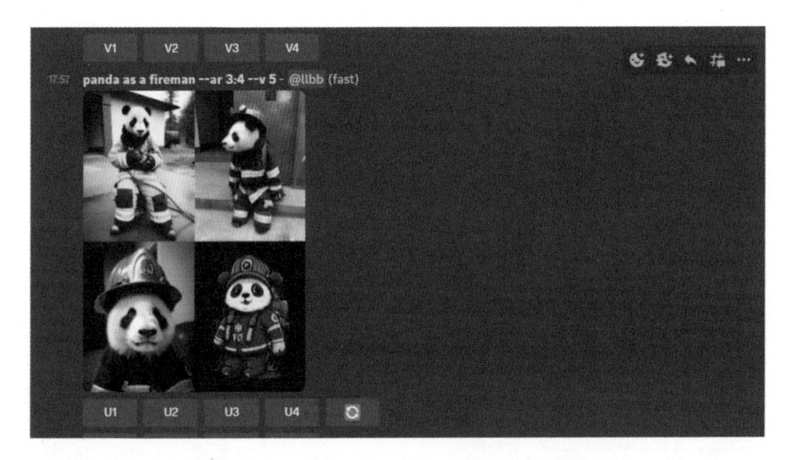

2. 单击三个小点后，选择“添加反应”命令，然后单击信封图标。

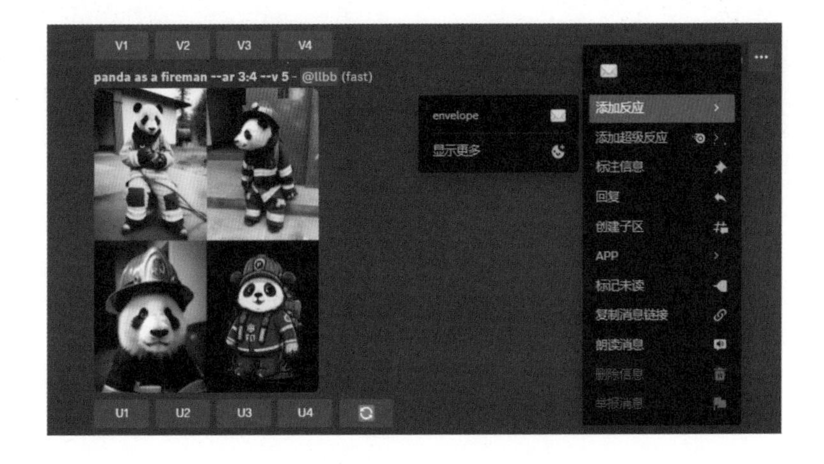

3. 单击右上角的收件箱图标。

4. 此时可以看到被查询的作品的 seed 值。

5. 此时使用与被查询作品相同的提示语，再添加 --seed 命令，即可获得完全相同的图像。下方左图为原图像，右图为使用 --seed 值后生成的图像。

上面的示例表明，如果希望他人生成相同的作品，只需要提交有 seed 值的相同提示语即可。同时也意味着要保护自己的图像版权，seed 值是必须保密的，因为除了 Pro 级订阅用户，其他 Mj 用户的作品的提示语均是公开的，所有 Mj 用户均可以看见并抄袭。

使用 --sameseed 参数获得类似图像

为了确保作品的多样性，使用 Mj 生成的四格图像通常拥有不同的构图和风格。但如果希望四格图像彼此相近，生成有微妙变化的四格图像，则可以使用 --sameseed 命令。

需要注意的是，截至 2023 年 5 月 1 日，这个命令仅支持 V1、V2、V3 版本，无法在 V4、V5 版本中使用。

用 Settings 命令设置全局参数

使用 /settings 可以设置 Mj 的全局化运行参数，以便创作者在不输入参数值的情况下，使 Mj 以这些默认的参数执行图像生成操作。

在 Mj 的命令行中输入或找到 /settings 后，则 Mj 将显示如下图所示的参数。

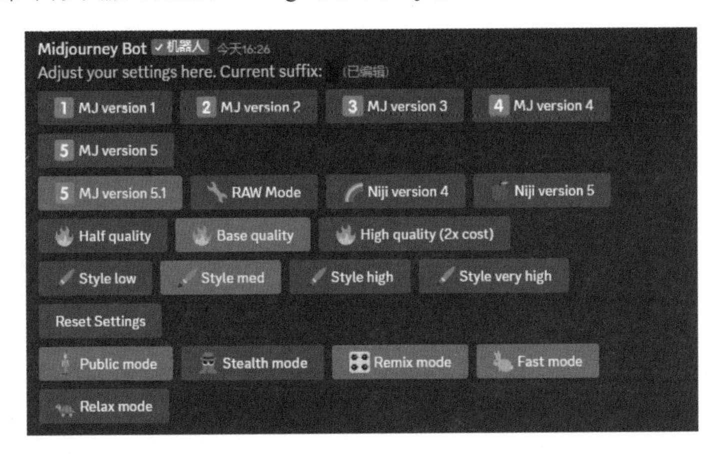

版本参数组

是指 MJ version 1、MJ version 2、MJ version 3、MJ version 4、MJ version 5、MJ version 5.1，单击以上按钮，可以在不添加 --v 版本参数的情况下，使用在此指定的版本来运行 Mj。选择 Mj version 5.1 时，可以通过单击 RAW Mode 来减少 Mj 自动为图像添加的细节。

Niji 版本参数组

是指 Niji Version 4、 Niji Version 5，用于指定 Niji 模型运行版本，不可与前一个版本参数组同时使用。

测试参数组

此处的 Mj Test 等同于 --tests 参数， Mj Test Photo 等同于 --testp 参数，这两个参数均不可用于 V4 及 V5 版本。

质量参数组

是指 Half quality、Base quality、High quality (2x cost)，顾名思义，Half quality 指低质量，等同于参数 --q 0.5; Base quality 是标准质量，等同于参数 --q 1; High quality (2x cost) 是指高质量，等同于参数 --q 2。

风格参数组

是指 Style low 、Style med 、Style high 、Style very high，依次分别对应 --s 50、--s 100、--s 250、--s 750。为了避免在撰写提示语时，每次都重复加入 --s 参数，建议在此选择一个风格参数。

成图模式参数组

是指/stealth mode 和/public mode，前者是指私密成图模式，生成的图像不会被其他用户看见，此模式仅 Pro 级订阅用户才可以使用。相对应的，/public mode 是指公共模式，生成的图片会被其他用户搜索到或展示在用户作品库中。

出图速度模式参数组

是指/fast mode 和/relax mode 命令，前者是快速出图，但会消耗订阅时间。后者是慢速出图，需要排队等候，只有在服务器空闲时才能生成，等候时间非常长，但不消耗订阅时间。

重置参数

是指 Reset settings，单击后可以将所有参数恢复至默认状态。

Remix mode 参数

单击后可以对图像进行微调，在本章有详细讲解。

需要特别注意的是，添加到提示语中的参数优先级高于在此设置的参数优级，例如，在此选择了 Mj version 4 按钮后，在提示语中添加了 --v 5 参数，则意味着生成图像时使用的是 V5 版本，而不是 V4 版本。

用 Prefer suffix 命令自动添加参数

可以使用 /prefer suffix 命令为提示语自动添加参数，这样当创作者想要固定使用一组参数，而不必每次都输入这些参数时，只需使用此命令定义这一组参数即可，步骤如下。

1. 在 Mj 命令区中输入或找到 /prefer suffix 命令。

2. 单击 new_value 选项，以增加一个参数。

3. 在参数区中输入希望添加的参数，在此笔者输入的是 --q 1 --s 500 --c 10。

4. 按回车键后，可以看到 Mj 的提示，表示已成功设置参数后缀。

5. 下面笔者随意输入一个提示语，如 red apple。

6. 按回车键后，可以看到参数后缀已经被自动添加。

7. 要取消参数，可以在操作第 1 步时，不添加任意参数，直接按回车键，则 Mj 会提示自动参数后缀被取消。

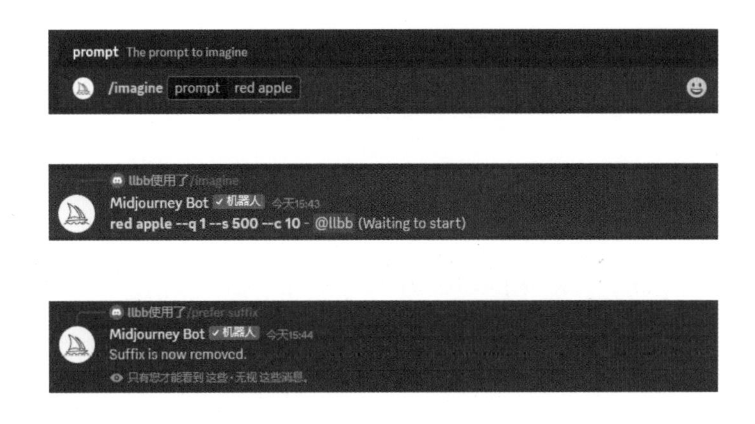

提示语实战——让画面有气氛的方法

一幅好的作品，不仅要有必要的元素、恰当的构图，还要有能够感染人的气氛。下面通过案例为大家讲解如何通过修改提示语，使照片拥有感染人的气氛。

笔者第一次使用的提示语为 A dynamic and exhilarating photograph capturing the energy and intensity of a spinning class in full swing.（一张充满活力和热情的照片，表现的是一堂动感单车课程全力以赴时的能量和强度），得到的四格初始图像如下图所示。

这张照片虽然也很不错，但缺乏动感与气氛，所以笔者修改了提示语，添加了对灯光及照片整体活力的描述，提示语变为：

A dynamic and exhilarating photograph capturing the energy and intensity of a spinning class in full swing. The colorful lighting is diffused and bright, highlighting the vibrant colors of the participants' workout gear and creating a sense of motion and vitality.（一张充满活力和热情的照片，表现的是一堂动感单车课程全力以赴时的能量和强度，色彩缤纷的灯光是柔和而明亮的，突出了参与者运动服装的鲜艳颜色，营造出一种运动和活力的感觉）

可以看出照片效果提升了很多，但仍然有改进空间。笔者又添加了对于健身者挥汗如雨的相关描述，因此，提示语变为：

A dynamic and exhilarating photograph capturing the energy and intensity of a spinning class in full swing. The scene is expertly composed to showcase the enthusiastic participants, sweating and pedaling with determination and grit. The lighting is diffused and bright, highlighting the vibrant colors of the participants' workout gear and creating a sense of motion and vitality.（一张充满活力和热情的照片，表现的是一堂动感单车课程全力以赴时的能量和强度，场景构图精美，展示了这些热情的参与者的决心和毅力，他们挥汗如雨地踩动着脚踏板。色彩缤纷的灯光是柔和而明亮的，突出了参与者运动服装的鲜艳颜色，营造出一种运动和活力的感觉）

在这 4 张初始图像中，Mj 不仅添加了室内的光晕效果，还增加了液滴飞溅的效果，增强了图像的气氛。

第 3 章 Midjourney 在建筑设计、室内设计等相关领域的应用

Midjourney 对于建筑设计的帮助

建筑外观是建筑物的“面孔”，代表了一个城市或组织的形象和品牌，优秀的建筑外观设计（Architecture Design）能够吸引公众和媒体的注意，为城市或组织增加知名度和声誉。因此，在建筑竞标中，建筑外观设计方案非常重要，是甲方评估建筑物设计方案的重要因素之一，一个突出的、美观的建筑外观可以使一个设计方案脱颖而出。

建筑外观设计的一般流程可以概括为以下几个步骤。

◎ 需求分析：与客户沟通需求，确定建筑类型、用途、面积、功能和风格等要素。

◎ 方案设计：设计师着手制订建筑外观设计方案。这一阶段包括初步概念设计和细节设计。

◎ 立项评审：提交设计方案，并经过客户或相关部门的审批和评审。

◎ 施工图设计：将设计方案转化为施工图纸，并进行深化设计，包括材料选择、细节处理、构造技术等。

◎ 监理施工：在施工过程中，通过监理确保设计方案得以完美实现。

◎ 完工验收：竣工后进行验收，评估建筑外观设计是否达到预期效果，是否满足客户要求。

在方案设计阶段，可以将工作细化为以下步骤。

◎ 概念设计：概念设计是一个早期的设计阶段，旨在捕捉主要设计思想和元素。设计师可以使用手绘草图或数字画板等工具来表达他们的想法。

◎ 3D 渲染：使用 3D 建模软件来构建建筑的外观模型，并使用专业的渲染软件创建逼真的建筑外观图像，在这个过程中，还会使用 Photoshop 等软件做后期处理。

◎ 虚拟展示：根据需要还可能使用虚拟现实技术，展示整个设计方案，让客户沉浸式体验建筑设计方案，更好地理解设计概念。

借助 Mj 的强大功能，建筑设计师可以成百倍地提高建筑外观概念设计的效率，并带来以下实际益处。

◎ 创意激发：帮助建筑设计师获得大量灵感并开拓思维方式。

◎ 快速原型：帮助建筑设计师快速创建并可视化他们的想法。

◎ 增加设计多样性：根据不同的设计需求和主题，生成多样性的视觉内容。

◎ 创意推敲：通过生成大量不同主题、不同风格的艺术品，帮助建筑设计师寻找灵感，创造出更加出色的设计作品。

◎ 材料和色彩选择：生成带有特定材料和颜色的图像，从而帮助建筑设计师更好地选择建筑材料和配色方案。

◎ 提高设计质量：帮助建筑设计师更好地理解和分析设计主题，发现问题和不足，优化设计方案，提高设计质量和效果。

确定相关概念后，再使用 3D 软件进行精确化建模，以确定最终的设计方案。

发散式创意设计

在建筑方案设计阶段，需要考虑很多要素，包括建筑用途、建筑材料、建筑环境、建筑安全、建筑成本、建筑人文因素等，无论从哪一个角度切入，都可以形成创意思维发散点。

例如，在下面的第一个方案里，关键词使用了 FIFA 与 Pura vida，前者是国际足联，后者的意思是“纯粹的生活”“美好的生活”等，这个短语被认为是哥斯达黎加（Costa Rica）文化的象征。

第二个方案使用的关键词是水袖 Water sleeve 和飘带 Flowing cloth。

第三个方案使用的关键词是中国结 Chinese knot。

The stadium will host the FIFA World Cup in Costa Rica in the year 2034. The inspiration for the building is the costarican expression "Pura vida". By Santiago Calatrava --ar 3:2 --v 5

architecture design pavilion inspired by Water sleeve or Flowing cloth --ar 16:9 --q 2 --s 500 --v 5

architecture design pavilion inspired by water sleeve or Chinese knot --ar 16:9 --q 2 --s 500 --v 5

用风格进行创意设计

无论是做建筑外观还是建筑室内外装饰设计，都可以在提示语中加入以下风格关键词：中国风 Chinese style、西藏风 Tibetan style，印度风 Indian style 、伊斯兰艺术 Islamic art、波斯艺术 Persian art、古埃及艺术 Ancient Egyptian art、古希腊风 Ancient Greek style 、古罗马风 Ancient Roman style 、巴洛克风格 - Baroque style 、古埃及风 Ancient Egyptian style。

Interior design,a concept office,It has Rural style and natural atmosphere , Wooden furniture and decoration --ar 16:9 --q 2 --s 850 --v 5

Interior design,a concept office,It has Egyptian style , marble columns, polished brass accents, velvety textures, antique furniture --ar 16:9 --q 2 --s 850 --v 5

如果生成图像后，感觉风格不够浓郁，则可以添加这些风格的典型元素，如下所示。

◎ 西藏风 Tibetan style：唐卡 Thangka、宝相花 Po-phase flowers、经幢 Sutra streamers。

◎ 印度风 Indian style：印度手工艺品 Indian handicrafts、饰有花卉和动物的印度式图案 Floral and animal motifs、印度蕾丝 Indian lace、神像 Idols、彩绘壁画 Mural paintings。

◎ 伊斯兰艺术 Islamic art：阿拉伯骑士 Arabesque、麦地那 Mihrab、穹顶 Dome、彩色玻璃 Colored glass、葡萄花纹 Grapes pattern。

◎ 波斯艺术 Persian art：波斯花纹 Persian motifs、科莫 Komo、库曼 Koumeh。

◎ 古埃及艺术 Ancient Egyptian art：金字塔 Pyramid、法老王雕像 Pharaoh statue、太阳神阿蒙 Sun god Amun、猫头鹰像 Sphinx、埃及花瓶 Egyptian vase。

◎ 古希腊风 Ancient Greek style：雅典娜神像 Statue of Athena、柱廊 Colonnade。

◎ 古罗马风 Ancient Roman style：罗马柱 Roman column、罗马雕塑 Roman sculpture、军旗 Roman standards。

依据知名设计师风格创意设计

如果要生成有某位知名设计师风格的作品，可以加入 in style of 或 design by 这样的关键词，然后加上设计师的名字。

在建筑设计领域有许多知名的设计师，如被誉为“建筑界的女王”的扎哈·哈迪德 Zaha Hadid，她的设计作品充满了流线型的动感和独特的几何美感，在 Mj 中几乎是被引用最多的设计师之一。

The ceiling is modern with impressive curves in Zaha Hadid style

此外，还可以引用隈研吾 Kengo Kuma 、弗兰克·盖里 Frank Gehry、伦佐·皮亚诺 Renzo Piano、贝聿铭 I.M. Pei、大卫·阿贝尔 David Chipperfield、理查德·迈耶 Richard Meier、凯利·韦斯特勒 Kelly Wearstler 等知名设计师。下图所示为主要提示语不变，改变设计师名称后的效果。

a lobby in quarry concept and nature in between, Kengo Kuma design --ar 16:9 --q 2 --v 5

David Chipperfield design

Richard Meier design

Kelly Wearstler design

通过照片生成创意造型

利用成品照片来生成新的创意方案，是屡试不爽的技巧。

操作时首先上传参考图片，然后复制此图片的链接地址，再添加想要的建筑风格或建筑材质关键词，并使用 --iw 参数来控制参考图片对最终生成图片的影响权重。

右侧是笔者从网上找到的别墅作品，下图是两种不同的 Mj 生成方案图，并强调了穿孔板 Perforated panels、玻璃砖 Glass bricks、不锈钢 Stainless steel 材质。

https://s.Mj.run/1GGFi898SwM A two-story modern villa design, using Perforated panels for the exterior facade with cloud-shaped perforations, and mixed with Glass bricks and Stainless steel. night light --ar 16:9 --s 500 --v 5

值得注意的是，可以使用拼接图片的方式来生成新的创意，而且拼接图片时无须考虑逻辑是否合理。例如，左下图所示为使用 3 张素材图拼接起来的参考图，右下图所示为 Mj 根据这张参考图生成的新方案中的一个。

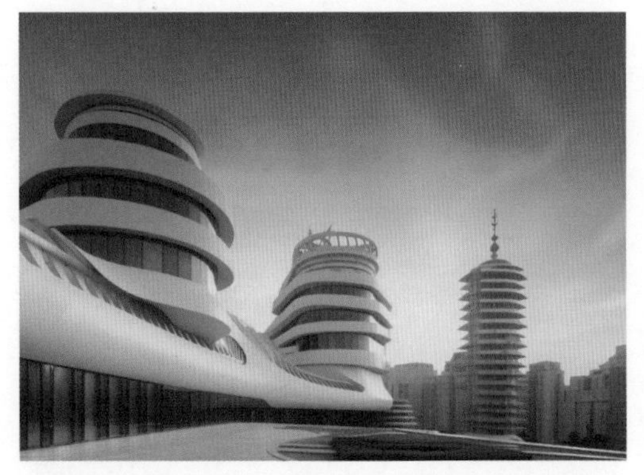

https://s.Mj.run/20yonegpZHM A white building , shot by canon eos R5, Space Extension and Space Staggering Architectural Design Techniques.curved exterior photorealistic,backlight,sunset time --ar 16:9 --s 500 --v 5

在建筑方案图中强调材质

材质在建筑设计中扮演着十分重要的角色，对于建筑的外观、性能、耐久性及成本都有着不可忽视的影响。

首先，材质可以直接影响建筑物的外观和风格。不同的材质具有不同的纹理、颜色、光泽度等特征，可以营造出不同的视觉效果和风格。其次，材质也可以影响建筑物的性能和耐久性。不同的材质具有不同的物理、化学性质，对于建筑物的承重能力、耐久性、防水性、隔热性等都有不同的影响。此外，材质的选择也会直接影响到建筑的成本和施工难度。

例如，在生成下面的图像时，笔者使用了 made of (由……制作) 关键词，并在后面添加了玻璃 Glass、不锈钢 Stainless steel、红砖 Red bricks 、哑光不锈钢 Corrugated stainless steel、清水水泥 Plain concrete 等关键词。

butterfly building made of Glass, massive, epic, rococo architecture, Mobius, by Daniel libeskind, by Ferda Kolatan, volumetric lights --ar 16:9 --v 5

Stainless steel　　Red bricks

corrugated stainless steel　　plain concrete

分别生成日景与夜景方案

在效果图或方案创意阶段，使用 Mj 可以较好地展现建筑物在白天及夜晚的光照及灯光效果，这不仅能帮助客户更好地理解建筑设计的概念和特点，还可以让建筑师更好地了解建筑在不同时间、不同氛围下的外观效果，并以此为审美参考，进一步提高设计质量。

特别需要说明的是，这不同于日照分析。在建筑设计方案中，日照分析是必备环节。在许多地产公司中，没有日照分析的方案是不具备汇报资格的，但这需要使用专业的软件完成。

绘制夜景时，可以使用夜景灯光 Night light、长曝光 Long exposure 关键词。绘制日景时，可以使用日间光线 Day light、日落时刻 Sunset time、日出时刻 Sunrise time、蓝色时刻 Blue time、金色时刻 Gold time。

A white building with a narrowing upper portion and vertical windows, located at an intersection, <u>warm night light.long exposure</u>, shot by canon eos R5, with cars and pedestrians passing by. Each floor is twisted at a certain angle.designed by Tadao Ando, with floor - to - ceiling windows , Space Extension and Space Staggering Architectural Design Techniques. curved exterior ,A part of the exterior facade is a Glass curtain wall.photorealistic --ar 16:9 --s 500 --v 5

day light with cloud

Backlight, sunset time

分别生成不同配色的方案

颜色在建筑室内外设计中起着非常重要的作用，可以通过颜色的选择和搭配来营造出不同的氛围和风格。考虑到空间的用途、风格，居住人群的年龄和性别等因素，配色可以灵活多样。

在 Mj 生成图像时，可以使用类似于黄色和蓝色配色方案 Yellow and blue color scheme（scheme 意为方案）、粉红色和橙色配色方案 Pink and orange color scheme，或直接通过加下面的颜色关键词：红色 Red、橙色 Orange、黄色 Yellow、绿色 Green、蓝色 Blue、紫色 Purple、粉色 Pink、棕色 Brown、灰色 Gray、白色 White、黑色 Black、银色 Silver、金色 Gold、珊瑚色 Coral、米色 Beige、橄榄色 Olive、翠绿色 Teal、青色 Cyan、酒红色 Burgundy、霓虹色 Neon。

如果需要单色效果，可以使用 Monochromatic colors 关键词。

living room ultra modern design with yellow and blue color scheme ,a modern interior gray walls concrete luxurious penthouse , architectural ,wood design furniture --ar 16:9 --q 2 --s 500 --v 5

dark red and sky blue color scheme　　pink and orange color scheme

monochromatic colors　　black and white color scheme

游乐场、卖场设计

想要做儿童游乐场景概念设计，要注意使用 Architectural design,the theme of children's entertainment games（建筑设计，儿童娱乐游戏的主题）关键词。然后在提示语中添加关于主题风格的描述，例如，下面第一组是海洋主题，使用了 Design with marine creatures as the main theme, such as dolphins, whales, penguins（以海洋生物为主要主题的设计，例如海豚、鲸鱼、企鹅）关键词，第二组是星战主题，使用了 the theme of Star Wars（以星球大战为主题进行设计）关键词。

做卖场设计时注意使用 superstore（超市、卖场）关键词。

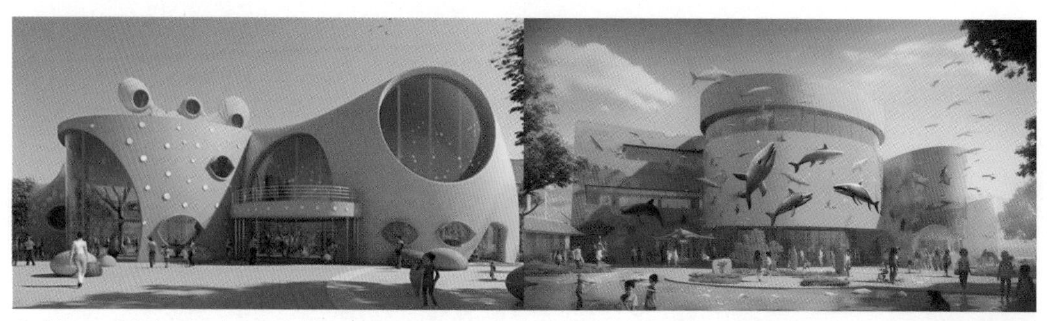

Architectural design,the theme of children's entertainment games, colorful,Design with marine creatures as the main theme, such as dolphins, whales, penguins. The color scheme mainly consists of blue and green, in a wildflower meadow. designed by Rem Koolhaas and OMA --ar 16:9 --q 2 --s 850 --v 5

Architectural design,the theme of children's entertainment games, the theme of Star Wars, is located in the park, colorful, aerial view --ar 16:9 --q 2 --s 850 --v 5

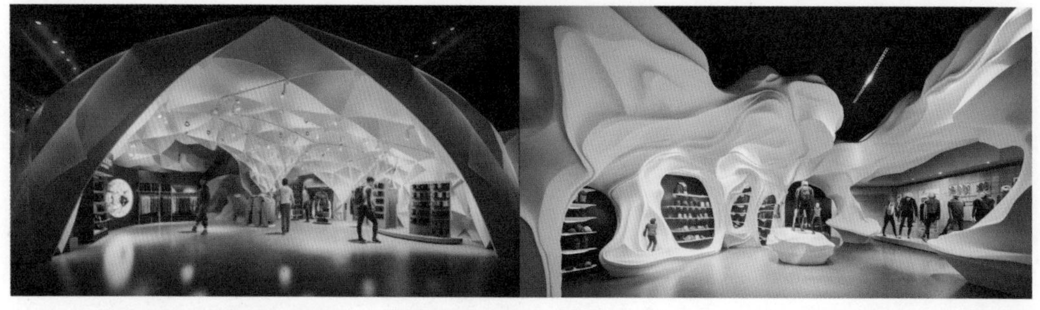

sports gear superstore with rock climbing wall, Nike store, kayaking, camping gear, rustic, warm environment, modern architecture, futuristic, Zaha Hadid Design --v 5 --ar 16:9 --q 5

创作超现实概念建筑作品

超现实概念建筑作品实用性较低，但可以启发人们的想象力，并为人们提供一种独特的视觉和感官体验，激发人们对于美学和审美价值的探索和思考。生成这样的建筑设计作品图像时，通常使用未来主义 Futurist、科幻 sci-fi、25 世纪 25th century、科技朋克 Cyberpunk、外星人建筑 Alien Architecture、机械未来 Mechanical Future、科技幻想 Technological Fantasy 等关键词，还可以利用以图生图的方式，使用来自游戏或插画的超现实建筑插图来生成。

UHD 4k photo of ultratall sleek Futurist skyscraper housing that utilized design principles of Zaha Hadid with dirgible landing pads on rooftops and bright metallic blimps with led signs floating above skyline --ar 16:9 --q 2 --s 800 --v 5

Aerial View, design by Frank Gehry, deconstruction,25th century, Cyberpunk architecture,future city, architecture photography, neon light,Alien buildings are towering into the clouds, and there are flying cars in the sky. --ar 16:9 --s 800

右图为参考图，左图提示语为 https://s.Mj.run/QRF2J5hJm1 A Complex curve-shaped scientific and technological buildings, futuristic, curve-based buildings, epic sci-fi scenes, masterpieces,octane render ,atmospheric, volumetric lights, Cinematic,delicate,unreal engine 5，by Zaha Hadid,atmospheric, long exposure --ar 3:2 --v 4 --q 2 --v 5

中式园林、寺庙等场景模拟

利用 Mj 也可以轻松生成中式园林、寺庙类场景，例如，下面的两组图像是笔者分别以 Song dynasty architecture（宋代建筑）、Tang dynasty architecture（唐代建筑）为关键词，辅以对环境的简单描述生成的效果。

In a bamboo grove garden during the afternoon, Song dynasty architecture, garden-style design, stone and wood materials, weathered texture, dappled light through leaves, muted earthy colors, ground-level view, rattan furniture --ar 16:9 --v 5

In a misty mountain temple , morning, Tang dynasty architecture, brick and stone materials, rough texture, diffuse light through incense smoke, Old antique mahogany wooden furniture carved with traditional Chinese patterns --ar 16:9 --v 5

下面是生成不同类型建筑场景的中英文对照关键词，以此为中心，再叠加上对于场景光线、视角、饰品的描述，就可以生成逼真的建筑场景。

故宫 Forbidden City、中式宋代宫殿 Chinese Song Dynasty Palace、巴比伦塔 Babylonian Tower、金字塔 pyramid、亚特兰蒂斯城市 Atlantis City、浮空岛 Floating island、商业街 street store、城市街景 city garden、西式城堡 castle、西式庄园 manor、中式园林 Chinese garden、巴洛克式建筑 Baroque architecture、哥特式建筑 Gothic architecture、圣殿 Sanctuary、寺庙 temple、佛像 Buddha、神龛 shrine、塔 tower、灯塔 Lighthouse、赛博城市 Cyber City、大皇宫 The Grand Palace

其他类型建筑室内外作品

使用 Mj 除了可以创建前面所讲述的各种建筑室内外方案，还可以设计建筑室内外经常用到的室外建筑雕塑、家具、灯具、门、窗帘、地毯和壁纸等的方案。

例如，在下面的展示中，第一个设计的是洛可可风格别墅铁艺大门，第二个设计的是拼色沙发，第三个是参考戒指图像创意设计的室外建筑。

old wrought iron gates design, forged decorative elements, in Rococo style, made of copper material and are double doors --ar 16:9 --s 800 --v 5

A modern and stylish sofa design with cowhide material, featuring blue and red color blocks in a collage style, metal armrests, and four curved corners.design by Charles and Ray Eames --ar 16:9 --s 800 --v 5

左图为参考图，右图提示语为 https://s.Mj.run/1vBEZU0zDfI A white building , shot by canon eos R5, Space Extension and Space Staggering Architectural Design Techniques.curved exterior photorealistic --ar 16:9 --s 500 --v 5

常见的建筑风格提示关键词

中国风 Chinese style、日本风 Japanese style 、印度风 Indian style 、伊斯兰艺术 Islamic art、波斯艺术 Persian art、古埃及艺术 Ancient Egyptian art、古希腊风 Ancient Greek style 、古罗马风 Ancient Roman style 、巴洛克风格 Baroque style 、古埃及风 Ancient Egyptian style 、非洲部落艺术 African tribal art、非洲现代艺术 African modern art 、印第安艺术 Native American art、古代印加文化艺术 Ancient Inca cultural art、地中海复兴风格 Mediterranean revival style、极简主义风格 Minimalist style、现代哥特式风格 Modern gothic style、摩登风格 Moderne style、新巴洛克风格 New baroque style、佛罗伦萨文艺复兴风格 Florentine renaissance style、土耳其风格 Turkish style、超现实主义风格 Surrealist style、装饰艺术风格 Art Deco style、后现代主义风格 Postmodernism style、简约主义风格 Minimalism style、地中海风格 Mediterranean style、古典复兴风格 Classical revival style、洛可可风格 Rococo style、奢华风格 Luxury style、波普艺术风格 Pop art style、法国乡村风格 French country style、维多利亚风格 Victorian style、高科技风格 High-tech style、罗马风格 Roman style、意大利风格 Italian style、俄罗斯建筑风格 Russian architectural style、中世纪欧洲风格 Medieval european style

常见的建筑材料提示关键词

铝合金板 Aluminum alloy panel、铜板 Copper plate、不锈钢 Stainless steel、玻璃 Glass、彩色玻璃 Stained Glass、陶瓷 Ceramic、人造石材 Artificial stone、金属板 Metal panel、石材 Stone、砖 Brick、木材 Wood、哑光不锈钢 Matte stainless steel、大理石 Marble、铝板 Aluminum panel、钢 Glass、金属板材 Metal panel、陶瓷 Ceramic、石材 Stone、橡胶 Rubber、金属网 Metal mesh、太阳能板 Solar panel、镀锌钢板 Galvanized steel plate、玻璃幕墙 Glass curtain wall、陶瓷板 Ceramic plate、石材 Stone、瓦片 Tiles、人造石材 Artificial stone、玻璃钢 Fiberglass、铝塑板 Aluminum-plastic panel

知名建筑设计师提示关键词

弗兰克·盖里 Frank Gehry、扎哈·哈迪德 Zaha Hadid、福斯特爵士 Norman Foster、雷姆·库哈斯 Rem Koolhaas、让·努维尔 Jean Nouvel、比亚克·英格尔斯 Bjarke Ingels、伦佐·皮亚诺 Renzo Piano、圣地亚哥·卡拉特拉瓦 Santiago Calatrava、贝聿铭 I. M. Pei、赫尔佐格和德·梅隆 Herzog & de Meuron、安藤忠雄 Tadao Ando、丹尼尔·利伯斯金德 Daniel Libeskind、史蒂文·霍尔 Steven Holl、彼得·祖姆索尔 Peter Zumthor、理查德·迈耶 Richard Meier、卡洛·斯卡尔帕 Carlo Scarpa、勒·柯布西耶 Le Corbusier、阿尔瓦·阿尔托 Alvar Aalto、路易斯·康 Louis Kahn、米斯·凡·德·罗 Ludwing Mies van der Rohe、隈研吾 Kengo Kuma

第 4 章 Midjourney 在珠宝设计、首饰设计等相关领域的应用

珠宝设计的一般流程

在使用 Mj 设计制作珠宝作品前，有必要先对其设计流程有一个大概的了解。

珠宝设计的流程可以大致分为以下几个步骤。

◎ 确定设计需求：设计师会与客户进行会谈，讨论珠宝设计的需求和要求，包括设计风格、材质、用途、预算等。

◎ 初步设计：根据需求确定珠宝设计的方向和初步的设计草图，包括设计的主题、款式、形状、大小、颜色、材质等。

◎ 选材：根据设计的要求和草图，选择适合的材质，如金、银、钻石、宝石、珍珠等。

◎ 制作原型：使用珠宝制作工具或计算机辅助设计 CAD 软件制作珠宝的原型，包括三维渲染、材质选择、尺寸测量、调整等。

◎ 审核与修改：设计师和客户一起审核珠宝的原型，如果需要进行修改，再进行设计调整并重新制作原型。

◎ 制作珠宝：确定珠宝原型后，开始制作珠宝，包括金属铸造、镶嵌宝石、打磨、抛光等工艺流程。

◎ 珠宝品质检测：制作完成后，对珠宝进行品质检测，确保珠宝符合设计要求和客户需求，并且符合珠宝制造行业标准。

◎ 交付客户：制作完成后，将珠宝交付给客户，完成整个珠宝设计的过程。

以上是珠宝设计的一般流程，具体的流程可能会根据设计需求、材质、技术等方面的差异而有所不同。

在珠宝设计中，造型设计是非常重要的一个环节，因为这个环节决定了珠宝的整体外观和感觉，以及与人体的协调性和舒适度。

传统的珠宝设计通常需要花费大量的时间和精力来进行手绘草图和 3D 模型制作与渲染，但使用 Mj 可以快速成批量地生成珠宝设计造型创意。

当然，在这个过程中，也需要注意以下几个方面。

◎ 形状和比例：形状和比例是设计中最基本的要素，必须考虑珠宝的整体外观和感觉。比如，珠宝的形状可以是圆形、方形、三角形等，比例可以是整体大小、宽度、高度、厚度等。设计师必须找到最适合该珠宝的形状和比例，以确保其整体外观和舒适度。

◎ 材料和颜色：设计师需要考虑所使用的材料和颜色。材料可以是黄金、铂金、白金、红宝石、蓝宝石等，而颜色可以是单一的或混合的。不同的材料和颜色会给珠宝带来不同的外观和感觉，设计师必须选择最适合该珠宝的材料和颜色，以确保其整体外观和感觉。

◎ 纹理和图案：纹理和图案也是设计中的重要元素，它们可以使珠宝更具个性和独特性。珠宝的纹理可以是粗糙的、光滑的、磨砂的、镶嵌的等，而图案可以是线条、几何形状、花卉图案等。设计师必须考虑到珠宝的整体风格和目标市场，并选择最适合的纹理和图案。

◎ 人体工学：珠宝设计必须考虑人体工学，即设计师必须确保珠宝的舒适度和协调性。珠宝的大小、形状和比例必须与人体的比例和曲线相适应，以确保佩戴时的舒适度和美感。设计师需要考虑佩戴者的年龄、性别、体形和文化背景，以确保珠宝的协调性。

以地域风格进行创意设计

在珠宝设计 jewelry design 中，民族地域风格常常被用作灵感来源和设计元素。

例如，中国传统的民族风格珠宝设计中，经常使用龙、凤、莲花等传统文化符号，以及紫砂、玛瑙、珍珠等传统宝石材料，表现出中国传统文化的魅力。

云南的苗族风格珠宝设计中，经常使用银质、珠子、羽毛等传统材料，以及银质手镯、耳环、项链等传统设计元素，表现出苗族文化的独特魅力。

阿拉伯地区的珠宝设计经常使用愿望树、月亮、五颜六色的玻璃和金属等，印度地区的珠宝设计常常使用黄金、银、珠宝等贵重材料，以及钻石、宝石、珍珠等宝石材料，呈现出豪华、繁复、绚丽的特点。在设计元素方面通常加入印度教神话中的宝石，以及恒河、婆罗门神等传统文化符号。

因此，在使用 Mj 做设计创意珠宝首饰时，可以直接加入以下不同的地域风格关键词。

◎ 亚洲：中国风 Chinese style、西藏风 Tibetan style、日本风 Japanese style、印度风 Indian style 、伊斯兰艺术 Islamic art、波斯艺术 Persian art、古埃及艺术 Ancient Egyptian art

◎ 欧洲：古希腊风 Ancient Greek style 、古罗马风 Ancient Roman style 、巴洛克风格 Baroque style

◎ 非洲：古埃及风 Ancient Egyptian style 、非洲部落艺术 African tribal art、非洲现代艺术 African modern art

◎ 北美洲：印第安艺术 Native American art、美洲艺术 Native American modern art

◎ 南美洲：古代印加文化艺术 Ancient Inca cultural art、拉丁美洲现代艺术家的作品 Works of modern Latin American artists

Earring jewelry design,Tibetan style,shot by canon eos R5, Delicate, elegant, detailed intricate,photorealistic,product view, --s 150 --v 5

Earring jewelry design,Arabian style,shot by canon eos R5, Delicate,elegant, detailed intricate,photorealistic, product view, --s 150 --v 5

Earring jewelry design, Chinese style,shot by canon eos R5, Delicate, elegant, detailed intricate,photorealistic,product view, --s 150 --v 5

Earring jewelry design,Indian style,shot by canon eos R5, Delicate, elegant, detailed intricate,photorealistic,product view, --s 150 --v 5

除了直接在提示语中加入风格名称，还可以加入各种风格常用的设计元素。下面是常见的设计风格及在设计中常用的设计元素，加入这些关键词可以强化珠宝风格特征。

◎ 中国风：如龙凤 Dragon and phoenix、蝴蝶结 Butterfly knot、古钱币 Ancient coins 等。

◎ 印度风：如莲花 Lotus、象征神力的手印 Hasta mudra、彩色宝石 Colored gemstones 等。

◎ 非洲风：如象牙 Ivory、狮子 Lion、斑马纹 Zebra stripes、黄金 Gold 等。

◎ 美洲印第安风：如羽毛 Feathers、图腾 Totems、珊瑚 Coral、珍珠 Pearls 等。

◎ 北欧风：如维京传说 Viking legends、锤子 Hammer、斧头 Axe 等。

◎ 西藏风：如佛像 Buddhist statues、珊瑚 Coral、羊毛 Wool 等。

◎ 阿拉伯风：如星月 Crescent and star、阿拉伯文 Arabic calligraphy、珍珠 Pearls 等。

Earring jewelry design , Indian style,The jewelry shape is inspired by the lotus shape element shot by canon eos R5, Delicate, elegant, detailed intricate,photorealistic , product view, --s 150 --v 5

Earring jewelry design , Chinese style,The jewelry shape is inspired by the minimalist style of dragon and phoenix elements, shot by canon eos R5, Delicate, elegant, detailed intricate,photorealistic , product view, --s 150 --v 5

依据知名设计师风格进行创意设计

通过在提示语中添加知名的设计师名称，也可能会生成与众不同的设计。在此之所以说可能，是因为没有公开的官方资料列出了哪些设计师的作品信息进入了 Mj 的训练库，如本书前面所讲述的，只有经过特别的数据训练，Mj 才可以模仿这些特定的设计师。

下面是笔者收集的十大珠宝设计师：Wolfers Frères、Henri Vever、Paul Brandt、Raymond Templier、Lacloche Frères、Rubel Frères、Suzanne Belperron、Pierre Sterlé、Donald Claflin、Aldo Cipullo 。

在提示语中添加设计师的名字后，可以看到生成的效果有明显变化。随着 Mj 算法更新及训练数据库越来越大，会有越来越多知名设计师的风格被纳入数据库。

in style of Wolfers Frères,jewelry design,necklace design,gemstones and diamonds,luxury, shot by canon eos R5, Delicate, elegant, detailed intricate,photorealistic , product view, --s 150 --v 5

in style of Paul Brandt,jewelry design,necklace design,gemstones and diamonds,luxury, shot by canon eos R5, Delicate, elegant, detailed intricate,photorealistic , product view, --s 150 --v 5

in style of Donald Claflin,jewelry design,necklace design,gemstones and diamonds, shot by canon eos R5, photorealistic , product view, --s 150 --v 5

in style of Pierre Sterlé,jewelry design,necklace design,gemstones and diamonds, shot by canon eos R5, photorealistic , product view, --s 150 --v 5

除了在提示语中添加珠宝设计师，还可以添加其他领域中有个性风格的设计师名称。例如，下面的设计中添加了弗兰克·盖里 Frank Gehry，他是一位建筑师，作品以大胆的线条和不规则的形状而著名，被认为是结构主义和分形几何学的杰出代表。

ring jewelry designs based on Frank Gehry sketches 4k

Earring jewelry design , Frank Gehry style,shot by canon eos R5, Delicate, elegant, detailed intricate,photorealistic , product view, --s 150 --v 5

下面的作品添加的艺术家是 H.R. Giger，他是瑞士著名的艺术家、造型设计师和雕塑家，以其独特的创作风格和令人惊异的想象力而闻名于世。他的作品风格以黑暗、扭曲、生物机械融合为主题，涵盖了绘画、雕塑、装置艺术、设计等领域。最著名的作品是为电影《异形》Alien 设计的生物造型，他的设计对于科幻和恐怖电影、游戏、文化等方面都产生了深远影响。

jewelry design,necklace design,in style of H.R. Giger , gemstones and diamonds,luxury, shot by canon eos R5, Delicate, elegant, detailed intricate,photorealistic , product view, --s 150 --v 5

Earring jewelry design , H.R.Giger style,shot by canon eos R5, Delicate, elegant, detailed intricate,photorealistic , product view, --s 150 --v 5

使用拟物设计手法进行创意设计

在珠宝设计中，设计师通常会从自然界、人造物品或几何形状等多个方面获取灵感，并运用自己的创意和技能来创造出各种独特的形状和造型。

例如，德国珠宝商 Hemmerle 推出的高级珠宝作品 Infused Jewels，设计手法使用的就是情拟物。设计师使每一件作品都契合一种特定的饮茶配料，如玫瑰、菩提、迷迭香、肉桂、薰衣草等。这一思路与手法同样可以应用于 Mj 中。

下面的设计中分别使用了鹰 Eagle、翅膀 Wing、格子 Lattice、羽毛 Feathers、印度图腾 Indian totems、珊瑚 Coral、天体 Celestial、樱花 Sakura、凤鸟王冠 Diadem with phoenix bird、心形 Heart、星星 Stars、月亮 Moon、穿着裙子跳舞的女人 Dance woman in a dress 等。关于物体形态的描述，从图像也可以看出来，所有创意方案都是围绕着这些物体展开的。

jewelry design, earring design, earrings, classical, rococo period, silver, details, summer, eagle,wings, Lattice

necklace design,jewelry design ,Native American style, Incorporate feathers, Indian totems and coral elements, gemstone centerpiece, vibrant stone, delicate and sturdy gold chain, sparkling gemstone accents, simple yet eye-catching design --s 150 --v 5

jewelry design very delicate celestial ring unreal rendering 8k --ar 1:1 --v 5

jewelry design sakura ring, gold, realistic delicate design, Soft illumination, dreamy, fashion

necklace design,Jewelry design, diadem with phoenix bird, Incorporate feathers elements, ruby and obsidian, detailed intricate,photorealistic , product view, --s 150 --v 5

jewelry design ,ring design, pearls and diamonds,small heart shape,shot by canon eos R5, Delicate, elegant, detailed intricate,photorealistic , product view, --s 150

Earring jewelry design , sapphire and red gem ,stars and moon, shot by canon eos R5, Delicate, elegant, detailed intricate,photorealistic , product view, --s 150

jewelry design,a close up of a brooch ,shape is dance woman in a dress, classic dancer striking a pose, diamonds, shot by canon eos R5, photorealistic , product view, --s 550 --v 5

知名 IP 衍生珠宝产品设计

知名 IP 都有独特的形象和视觉设计，这些设计可以作为珠宝设计的重要元素被应用到设计作品中。例如，星球大战的 IP 形象包括经典人物形象、星际飞船、激光剑等元素。哈利波特的 IP 形象包括霍格沃茨学院校徽、魔法草药、魔法棒等元素。还可以将芭比娃娃的经典粉色色调融入珠宝设计中，用粉色宝石、粉色珍珠等材质来呈现；或者将睡美人的经典形象与珠宝相融合，设计出唯美浪漫的风格，运用蕾丝花边、羽毛等元素来营造梦幻氛围。

例如，在下面的设计中分别使用了星球大战 Star war、异形 Alien、变形金刚 Transformers、芭比娃娃 Barbie 等知名 IP。关于物体形态的描述，从图像也可以看出来，所有创意方案都有这些知名 IP 的典型特点。

除了上述 IP，国内外类似的 IP 还有许多，都可以成为创意的灵感来源。

需要注意的是，在使用知名 IP 的形象和视觉元素时，要事先获得版权方的授权。

a jewelry design, Star war themed ring, gemstones and diamonds,luxury, shot by canon eos R5, Delicate, elegant, detailed intricate,photorealistic,product view, --s 150 --v 5

a jewelry design, Alien themed ring, gemstones and diamonds,luxury, shot by canon eos R5, Delicate, elegant, detailed intricate,photorealistic,product view, --s 150 --v 5

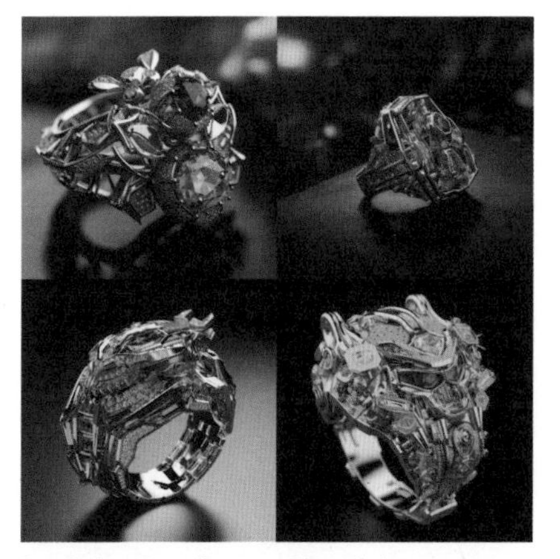

jewelry design,Transformers themed ring, gemstones and diamonds,luxury, shot by canon eos R5, Delicate, elegant, detailed intricate,photorealistic,product view, --s 150 --v 5

jewelry design,Barbie themed ring, gemstones and diamonds,luxury, shot by canon eos R5, Delicate, elegant, detailed intricate,photorealistic,product view, --s 150 --v 5

通过成品衍生出新的珠宝创意

通过欣赏珠宝网站及他人的作品，可以为珠宝设计师提供源源不断的灵感和创意。在观看和欣赏珠宝设计作品时，可以留意珠宝的材质、颜色、形状等特点，以及它们的搭配和设计元素，思考它们的设计灵感和原理。

在此，笔者建议尽量浏览专业的珠宝售卖网站，因为在这些网站中，有对各个珠宝作品的描述，这些描述只需稍加变化，就可以形成可用的提示语。

需要注意的是，在观看别人的作品时，不应该直接抄袭或复制，因为可能涉及版权问题，会给自己带来不必要的麻烦和风险。

通过查看这个珠宝的关键词，可以总结出海葵花 Anemone flower、蓝宝石 Sapphires、钻石 Diamonds 等关键词，据此可以撰写出右侧所示的提示语

jewelry design,Anemone Aqua ring by Sicis,The delicate petals of an Anemone flower are perfectly captured in micro mosaic in this ring Set with aquamarines, sapphires and diamonds ,White gold,Sophisticated, Ornate, Expensive,shot by canon eos R5, photorealistic , product view, --s 550 --v 5

通过查看这个珠宝的关键词，可以总结出朋克风格 punk-inspired、尖刺 spikes、蓝宝石 sapphires 等关键词，据此可以撰写出右侧所示的提示语

jewelry watches design, punk-inspired women's high jewellery watches,Bracelet made of 18-carat white gold adorned with spikes of different heights fully set with 11,043 blue brilliant-cut sapphires,Ornate, Expensive,shot by canon eos R5, photorealistic , product view, --s 550 --v 5 --v 5

通过照片生成创意造型

利用 Mj 的图生图功能，可以从成功的珠宝设计作品中衍生出大量新的创意造型。

操作时首先要上传参考图片，然后按前面章节中讲述的方法，复制此图片的链接地址，再添加想要的关键词，并使用 --iw 参数来控制参考图片对最终生成图片的影响权重。

例如，右侧是笔者从网上找到的珠宝作品，然后利用不同的权重参数 --iw，生成了 4 种与原图不同的珠宝设计方案。

在提示语中 https://s.Mj.run/_PxsihZiyvQ 为笔者上传的参考图，提示语中的其他部分均为常规描述。

https://s.Mj.run/_PxsihZiyvQ jewelry design, Ornate, Expensive,shot by canon eos R5, photorealistic , product view, --s 550 --v 5 --iw 2

https://s.Mj.run/_PxsihZiyvQ jewelry design, Ornate, Expensive,shot by canon eos R5, photorealistic , product view, --s 550 --v 5 --iw 1.5

https://s.Mj.run/_PxsihZiyvQ jewelry design, Ornate, Expensive,shot by canon eos R5, photorealistic , product view, --s 550 --v 5 --iw 1

https://s.Mj.run/_PxsihZiyvQ jewelry design, Ornate, Expensive,shot by canon eos R5, photorealistic , product view, --s 550 --v 5 --iw 0.5

生成电商专用白底图

现阶段电商的主体通常要求为白底图，要生成此类图片，需要在提示语中添加 white background 关键词，如下面展示的两个案例所示。

Ultra Modern minimalistic high jewelry design, white background,earrings with english lock, in a white gold with central round tourmaline Paraiba Cabochon 10mm surrounded by diamonds or moonstone Cabachon, in a Cosmos idea design, in a van cleef style, spherical motion, Delicate, elegant, detailed intricate, photorealistic, product view, --v 5

jewelry design,white background ,A silver ring with a slim ring band , the ring is set with a big ruby, surrounding the ruby are 12 small 1 carat diamonds ,product view, 3D render, --v 5

生成模特展示宣传图

利用 Mj，除了可以生成类似于摄影照片的珠宝作品，还可以生成有模特展示效果的图片，当然提示语也需要做相应变化。

主要是添加关于 model 模特的关键词，如 Stud Earrings model show 或 Jewelry design on model body 等。

Jewelry design on model body, Chinese Dragon Boat Festival, fashion, diamond necklace, placed in a curved shape, Chinese Palace Jewelry，ruby and gold, elegant, product view, photorealistic,shot by canon eos R5 --s 150 --v 5

常见的珠宝类型提示关键词

戒指 Ring、手链 Bracelet、项链 Necklace、耳环 Earrings、颈链 Choker、腰链 Waist Chain、脚链 Anklet、戒指套装 Ring Set、项链套装 Necklace Set、个性化首饰 Personalized Jewelry、珠宝耳钉 Stud Earrings、耳坠 Drop Earrings、手镯 Bangle、护身符珠串 Beaded Necklace、耳环 Earrings、手镯 Bracelet、把件 Hairpin、佩饰 Pendant、钗子 Hairpin with tassel、坠子 Pendant with tassel、玉佩 Jade Pendant、戒指 Ring、镯子 Bangle、手链 Bracelet、首饰套装 Jewelry Set、指环 Finger Ring、璎络 Tassel Pendant、花翎 Hair Ornament with Flowers、蝴蝶结 Bowknot Ribbon、卡子 Hair Clip、耳坠 Earring Drop、头环 Headband、腰坠 Waist Pendant、腕坠 Wrist Pendant、头饰 Headwear

常见的珠宝材质提示关键词

黄金 Gold、白金 Platinum、银 Silver、钻石 Diamond、珍珠 Pearl、翡翠 Jade、红宝石 Ruby、蓝宝石 Sapphire、绿宝石 Emerald、玛瑙 Agate、水晶 Crystal、琥珀 Amber、玛雅石 Lapis lazuli、红玛瑙 Carnelian、绿松石 Turquoise、黑珍珠 Black pearl、珊瑚 Coral、玻璃 Glass、玫瑰金 Rose gold、白银 Sterling silver、黑陶瓷 Black ceramic、老坑翡翠 Old mine jadeite、蛋白石 Moonstone、石榴石 Garnet

知名珠宝品牌提示关键词

卡地亚 Cartier、蒂芙尼 Tiffany 、宝格丽 Bvlgari、汉利·温斯顿 Harry Winston、梵克雅宝 Van Cleef & Arpels、万宝龙 Montblanc、伯爵 Piaget、萧邦 Chopard、施华洛世奇 Swarovski、爱马仕 Hermès、卡尔文·克莱恩 Calvin Klein、戴比尔斯 De Beers、范思哲 Versace

知名珠宝设计及拍卖网站

Sotheby's: https://www.sothebys.com/en/、Christie's: https://www.christies.com/、Bonhams: https://www.bonhams.com/、Tiffany: https://www.tiffany.com/、Cartier: https://www.cartier.com/、Van Cleef & Arpels: https://www.vancleefarpels.com/、Harry Winston: https://www.harrywinston.com/、Graff: https://www.graff.com/、Bvlgari: https://www.bulgari.com/、Chopard: https://www.chopard.com/

第 5 章 Midjourney 在摄影领域的应用

Midjourney 在摄影领域的应用

利用 Midjourney 生成实拍效果图像

使用 Mj 可以生成各种风格和主题的高质量照片素材，包括自然风景、建筑、艺术品、家居、服装、配饰等，并应用在广告设计、产品设计、网站设计、室内设计等各个领域，这不仅大大提高了设计的效率和质量，而且可以减少版权问题和拍摄成本。

下面是笔者使用 Mj 生成的食品及室内装饰素材图像，效果堪比专业摄影师作品。

利用 Midjourney 验证场景规划

许多高成本时尚摄影作品在拍摄之前都要进行场景规划，传统的流程是使用计算机进行绘制，但使用 Mj 可以轻松地验证场景规划效果，如左下图所示。此外，还可以在电影拍摄之前，使用 Mj 来规划分镜头场景，如右下图所示，使导演在拍摄前就预先验证分镜头效果，并进行必要的修改和调整，有助于提高电影的拍摄效率并减少成本。

beautiful young model with white hair, wearing extravagant top, sitting relaxed in an armchair in a victorian style room. The room is filled with flowers, The delicate lace and silk details intricately woven into the attire. inspired by David Lachapelle and Annie Leibovitz --ar 3:2 --v 5

Wide angle shot taken from 15 feet away of Emily Blunt sitting happily on the couch in the middle of a derelict bombed-out factory , Annie Leibovitz --ar 3:2 --v 5 --s 750 --q 2

利用 Midjourney 生成创意图像

创意图像的应用范围很广泛，但制作难度非常高，通常需要先实拍素材，再由精通后期处理软件的人员使用合成、拼接、融合等手段制作。

使用 Mj 可以凭借天马行空的想象轻松地制作出各类创意图像，如下方的图像所示，可以应用到广告创意、时尚设计、电影特效制作等领域。

https://s.Mj.run/63G0ZNpIgcg young beautiful woman head and face made of vegetables, Photography,vegetables background Art by Giuseppe Arcimboldo --ar 3:2 --v 5

Broccoli as bomb Explosion,Crack --ar 3:2 --s 800 --q 2 --v 4

利用 Midjourney 生成无法实拍的照片

出于各种原因，有些照片在生活中拍摄的难度很高或根本无法拍摄，此时可以使用 Mj 进行模拟。例如左下图展示的是反映职场曝光的虚拟写实照片，右下图展示的是一位好莱坞明星身着汉服的效果，这样的场景拍摄难度都比较大，因此，可以尝试使用 Mj 来创作生成。

two fighters, businessman versus woman, action photography, punching and kicking and swearing, fighting in a luxury hotel suite, photo by Canon EOS R5 --ar 3:2 --q 4 --v 5

Emma Watson, dress in ancient Chinese cloth, luxury cloth, luxury accessoris, holding chinese umbrella, full body, heavy raining day, insane detail, smooth light, taken on a Canon EOS R5 --ar 7:4 --v 5

利用 Midjourney 生成样机展示照片

简单来说，样机就是设计作品的承载体，即将设计作品应用到一个实物效果图中进行展示，让作品看起来更加形象逼真。主要应用于 UI 界面展示、手机 App 页面、电子设备、包装设计、服装设计、平面设计等场景展示。

使用 Mockup image 关键词可以轻松生成样机图像，而不必实拍，下图所示为笔者分别使用 a mobile phone with blank white screen 白屏手机、a computer with blank white screen 白屏计算机生成的样机展示照片。

Mockup image ,blurred beautiful woman pointing finger at a mobile phone with blank white screen --ar 3:2 --v 5

Mockup image ,a computer with blank white screen on table, minimalist decoration style studio --ar 3:2 --v 5

利用 Midjourney 模拟旧照片

在大数据的支持下，Mj 可以较为准确地模拟不同年份的环境和服装，例如，左下图是笔者使用 Mj 生成的 1980 年的照片，右下图生成的是 1900 年的照片，虽然地点都是北京，但左下图的背景明显区别于右下图。如果不是应用于严肃、客观的媒体文章，这样的图像已经具备实用价值，撰写提示语时只需使用类似于 in the 1980s 的关键词即可。

A pair of young Chinese lovers With an excited expression, wearing jackets and jeans, sitting on the roof, the background is Beijing in the 1980s, and the opposite building can be seen ,summer --s 750 --ar 3:2 --v 5

A pair of young Chinese lovers With an excited expression, the background is Beijing in the 1900s, and the opposite building can be seen , summer --s 750 --ar 3:2 --v 5

生成摄影照片要控制的四大要素

控制景别的关键词

景别是指在焦距固定的情况下，由于相机与被摄体的距离不同，造成的被摄体在画面中所呈现出的范围大小不同的区别。

下面通过一张人像照片展示不同景别的示意图。

在使用 Mj 进行创作时，通常用以下关键词来定义景别：特写 Close-Up、中特写 Medium Close-Up、中景 Medium Shot、中远景 Medium Long Shot、远景 Long Shot、全身照 Full Length Shot、大特写 Detail Shot、腰部以上 Waist Shot、膝盖以上 Knee Shot、面部特写 Face Shot。

需要特别注意的是，由于 Mj 在生成图像时具有随机性，且生成图像时 Mj 会整体参考提示语，因此，即便在提示语中加入正确的景别关键词，有时也不一定能得到景别正确的图像。

另外，还要注意不能在提示语中出现前后矛盾的景别描述，例如，在前面使用了特写 Close-Up 关键词，但又添加了 Wide Angel 广角关键词，则创作的图像景别大概率也是错误的。

控制光线的关键词

摄影是用光的艺术，光线的重要性在摄影中是无与伦比的，在 Mj 中也是如此。

在具体创作时，可以使用下面的关键词来定义光线的类型与方向：顺光 Front lighting、侧光 Side lighting、逆光 Back lighting、侧逆光 Rim lighting、体积光 Volumetric lighting、工作室灯光 Studio lighting、自然光 Natural light、日光 Day light、夜光 Night light、月光 Moon light、God rays 丁达尔光。

右侧图像使用的是逆光 Back lighting，右下方图像使用的是丁达尔光 God rays。

In the chaotic streets of Thailand, a man is dragging a cart full of goods facing forward, the sunset shines from the back of the man to the front, contour light, back lighting --ar 9:16 --v 5

A winding road leads to the dense forest, with rays of light shining through the leaves onto the road, creating the "God rays" effect. autumn --ar 9:16 --v 5

控制视角的关键词

在摄影中，视角可以分为水平和垂直两个方向，水平方向上可以分为前视 Front View、侧视 Side View 和后视 Back View，即表现被拍摄对象的正面、侧面及背面。

在垂直方向上，可以分为低角度仰视视角 Low Angle Shot、俯拍视角 Overhead、常规视角 Eye-level 和顶视图 Top View。

portrait of a Stunning amazing woman, model, 26 years old, long neck, white hairstyle, she hold a red wine goblet in a hand, avant guarde clothes,Front View --v 5 --q 2

Full length fashion photo of teenage K-pop girl wearing big t-shirt at the beach, Back view, sunlight, picnic --v 5

此外，还有与景别概念相近的广角视角 Wide angle view、全景视角 Panoramic view、鸟瞰视角 Aerial view、卫星视角 Satellite View。

鸟瞰视角与卫星视角的区别在于，后者生成的图像无地平线，如左下图所示，而前者生成的图像可以看到明显的地平线，如右下图所示。

busy city,day light,sunshine,Satellite View --ar 16:9 --v 5

busy city,day light,sunshine,Aerial view --ar 16:9 --v 5

控制色调的关键词

在摄影中，白平衡常用于影响画面的色调，虽然在 Mj 中没有专门的白平衡控制关键词，但可以使用有关颜色的关键词对画面色调的描述来控制画面色调，例如，笔者使用整张照片偏蓝色的 The overall picture has a blue tint 关键词，生成了右下方的图像。

此外，还可以使用金色时刻 gold hour 和蓝色时刻 blue hour 关键词。

金色时刻 gold hour 也称为“黄金时刻”，是指在日出和日落时分，太阳的高度角度低于 6 度，此时阳光变得十分柔和，光线呈现出温暖的金色调，能够为照片营造出浪漫、温馨的氛围，非常适合拍摄人物肖像和风景。

busy city,The overall picture has a blue tint. wide angle, --ar 16:9 --v 5

而蓝色时刻 blue hour 则是在日出和日落前后，太阳距离地平线 6 度 ~ 4 度左右的时段，此时的光线呈现出深蓝色调，天空和周围环境的颜色都会被渲染得特别柔和、深邃，呈现出独特的神秘感，拍摄城市夜景或者水景都非常适合。

使用这两个关键词，可以更准确地控制图像的明暗与色调，如下面的两张图像所示。

There are several small boats with fishing lights on the quiet lake, the vast lake, and the bustling city on the opposite side of the lake, gold hour, super wide angle --ar 16:9 --s 300 --v 5

There are several small boats with fishing lights on the quiet lake, the vast lake, and the bustling city on the opposite side of the lake,blue hour, super wide angle --ar 16:9 --s 300 --v 5

生成人像类照片要掌握的 6 类关键词

描述姿势与动作的关键词

在生成人物类照片时，除非采取默认的站立姿势，否则创作者都需要在提示语中添加以下关于人物姿势与动作的关键词。

站立 Stand、坐 Sit 、躺 Lie、弯腰 Bend、抓住 Grab、推 Push、拉 Pull、走 Walk、跑步 Run、跳 Jump、踢 Kick、爬 Climb、滑行 Slide、旋转 Spin、拍手 Clap、挥手 Wave、跳舞 Dance、握拳 Clenched fist、举手 Raise hand、敬礼 Salute、动感姿势 Dynamic poses、功夫姿势 Kung Fu poses

描述人像景别的关键词

虽然在前面的章节中已对景别进行了讲解，但人像类景别与前面的景别略有区别，故在此再次讲述一下，常用的 3 种景别分别是全身像 Full-body portrait、半身像 Half-length portrait 和大头像 Close-up portrait。

描述面貌特点的关键词

如果要让照片中的人物鲜活起来，需要对人物的面部特点进行描述，一方面可以使用眼睛 Eyes、眉毛 Eyebrows、睫毛 Eyelashes、鼻子 Nose、嘴巴 Mouth、牙齿 Teeth、嘴唇 Lips、脸颊 Cheeks、下巴 Chin、额头 Forehead、耳朵 Ears、颈部 Neck、肤色 Skin color、皱纹 Wrinkles、胡子 Beard/mustache、头发 Hair 等关键词，对面部重点部位进行描述。

另一方面也可以尝试使用严肃 Serious、愁眉苦脸 Grim、憨厚 Simple-minded、憨态可掬 Lovable、慈祥 Benevolent、慵懒 Languid、狰狞 Fierce、疲惫 Weary、迷离 Hazy、美丽 Beautiful、困惑 Puzzled、萎靡 Limp、轻蔑 Contemptuous、迷茫 Perplexed、忧郁 Melancholic、陶醉 Ecstatic、郁闷 Dejected、震惊 Shocked、颓废 Jaded、饱经风霜 Wrinkled、丑陋 Ugly、邪恶 Evil、阴暗 Dark 等关键词，对面部的总体特征进行概括性描述。

描述表情、情绪的关键词

在文字作品中描述人物表情或情绪时，可以用复杂的词语，如高兴 Happy、兴奋 Excited、满意 Satisfied、愉快 Pleased、微笑 Smile、平静 Calm、放松 Relaxed、惊讶 Surprised、愤怒 Angry、不满 Displeased、厌恶 Disgusted、悲伤 Sad、痛苦 Painful、担忧 Worried、紧张 Nervous、害羞 Shy、尴尬 Embarrassed、焦虑 Anxious、疑惑 Perplexed、困惑 Confused、愁闷 Depressed、绝望 Hopeless、羞愧 Ashamed、冷漠 Indifferent、无聊 Bored、压抑 Repressed、不安 Uneasy，但 Mj 生成人像照片时，并不能准确分辨上述各个词语的区别，例如，分别使用高兴 Happy、快乐 Joyful、兴奋 Excited、满意 Satisfied、愉快 Pleased、微笑 Smile 时，得到的表情不会有明显区别。

因此，创作者仅需要使用最基础的表情及情绪关键词，如高兴、痛苦、平静、愤怒等即可。

描述年龄的关键词

在生成有人物的照片时，如果需要描述人物的年龄，可以采用笼统的描述，使用婴儿 Infant、幼儿 Toddler、学龄前儿童 Preschooler、小学生 Elementary schooler、中学生 Middle schooler、青少年 Teenager、青年 Young adult、中年人 Middle-aged、老年人 Elderly/Senior/Old man/Old woman 等关键词，也可以使用具体的数字来描述年龄，如四十五岁 Forty-five years old、五十五岁 Fifty-five years old。

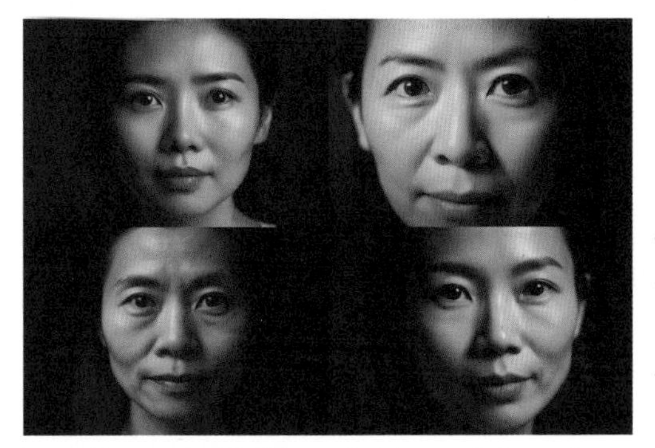

Forty-five years old Chinese female, no makeup, face a little wrinkled, Face Shot --ar 3:2 --v 5

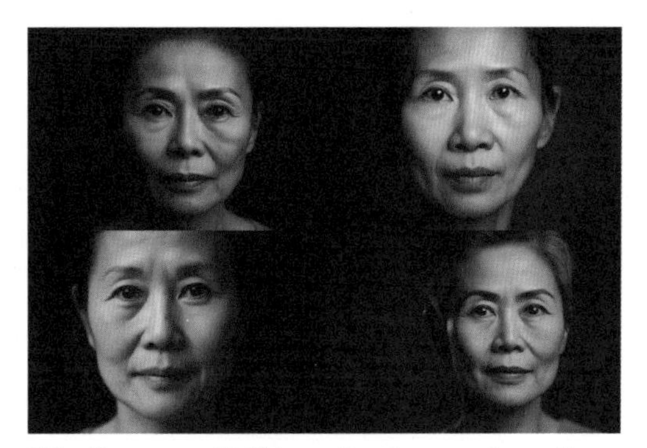

Fifty-five years old Chinese female, no makeup, face a little wrinkled, Face Shot --ar 3:2 --v 5

描述服装的关键词

对人物的着装进行描述，可以使人物的服饰更好地融入环境或传达特定的意义。此时，可以使用以下关于服装风格描述的关键词。

休闲风格 Casual style、运动风格 Sporty style、田园风格 Rural style、海滩风格 Beach style、优雅风格 Elegant style、时尚潮流风格 Fashionable style、正装风格 Formal style、复古风格 Vintage style、文艺风格 Artistic style、简约风格 Minimalist style、摩登风格 Modern style、民族风格 Ethnic style、花式风格 Fancy style、波希米亚风格服装 Bohemian style 、洛丽塔风格服装 Lolita style、牛仔风 cowboy style、工装风 workwear style、汉服风格 HanFu style、维多利亚风格 Victorian style

A Chinese man dressed in Cowboy style Clothes is writing in a classroom with grand staircases --ar 2:1 --v 5

A Chinese man in Formal style Clothes is drinking red wine at a luxurious banquet hall, --ar 2:1 --v 5

人像类照片描述实战案例

下面通过两个案例来展示如何综合使用前面讲述的关键词。

第一个人像场景描述如下。

一位女子大约 25 岁，穿着绿色波希米亚风格的衣服，拥有轻微卷曲的银发和蓝色大眼睛，在街头跳舞，一只手轻轻抓住空中的旋律，充满了兴奋，周围有很多人举起手机围观。

据此生成以下提示语，并添加了全景视角 Panoramic view、背景虚化 bokeh 关键词。

Panoramic view,This woman is about 25 years old, dressed in green bohemian style clothing with Slightly curled silver hair and big blue eyes . dancing on the street. , with one hand lightly catching the melody in the air, excitement . There were many people around holding up their phones to watch, bokeh, --ar 3:2 --v 5

第二个人像场景描述如下。

在一个小木屋外面的大花园里，一个有着及肩黑色头发、平静表情、大眼睛和弯曲睫毛的 35 岁美女。她穿着华丽的汉服，在花丛中蹲坐着，手捧鲜花，两只蝴蝶在她身边飞舞。

据此生成以下提示语，并添加了全景视角 Panoramic view、背景虚化 bokeh、逆光 back lighting 等关键词。

Full portrait,Panoramic view,In a large garden outside a small cabin, there is a 35-year-old beauty with shoulder-length black hair, a calm expression, big eyes, and curved eyelashes. She is wearing a gorgeous HanFu , squatting in the flower bushes holding the flowers. Two butterflies.bokeh,back lighting --ar 2:3 --q 3 --v 5

虽然两个场景均有瑕疵，但整体效果尚可，如果可以使用，在后期软件中进行加工即可。

生成风光类摄影照片

要使用 Mj 生成漂亮的风光摄影类型图像，除了要注意控制视角、光线，还要注意为画面添加云、雾、耀斑来渲染画面气氛，在提示语中通常使用广角 wide angle、云雾缭绕 clouds and mist、耀斑 flare、雄伟壮丽 majestic、鲜明的色彩 ultra-vivid colors 。

此外，还可以使用比较知名的风光摄影师名称，如下面的两幅图像使用了 Max Rive 摄影师名称，Max Rive 是一位来自荷兰的知名风景摄影师和户外探险家，以独特的构图和出色的后期处理而闻名。还可以使用如安塞尔·亚当斯 Ansel Adams、彼得·利克 Peter Lik、史蒂夫·麦卡瑞 Steve McCurry、迈克尔·肯纳 Michael Kenna、盖伦·洛威尔 Galen Rowell 等摄影师名称。

Chinese landscape,mountains, clear rivers, birds, clouds and mist, longdistance perspective, ultra-wide angle, majesticultra-vivid colors, shot by canon eos R5,photorealistic,in style of Max Rive --ar 16:9 --v 5

mountain view from afar, wide angle, in style of Max Rive, mood,dark cloud,mist,flare --ar 16:9 --v 5

生成花卉类摄影照片

生成花卉类摄影照片作品时，要使用正确的花卉种类关键词，并正确描述花卉的各个部分，下面是笔者常用的关键词。

玫瑰 Rose、菊花 Chrysanthemum、牡丹 Peony、梅花 Plum blossom、樱花 Cherry blossom、芙蓉 Hibiscus、雏菊 Daisy、郁金香 Tulip、向日葵 Sunflower、蝴蝶兰 Butterfly orchid、康乃馨 Carnation、紫罗兰 Violet、月季 Rose、满天星 Baby's breath、矢车菊 Cornflower、花瓣 Petal、桃花 Peach Blossom、花蕊 Pistil、花茎 Flower stem、花圃 Flower bed

Red mix white rose flower with sparkling petals,close up shot --ar 2:3 --v 5

生成动物类照片

要生成高质量的动物类照片，可以按照动物类型、环境、光线、姿势的顺序来描述，对于小猫、小狗等需要强调柔软蓬松的毛发的动物，可以使用 Soft and fluffy hair 关键词。

A group of flying ducks, in the style of dark gray and light brown --ar 3:2 --v 5

a satisfied tiger on a log in the jungle --ar 3:2 --v 5

生成星轨及极光照片

要使用 Mj 生成星轨、极光图像，需要注意在提示语中使用全景 panoramic、广角 wide angle、夜景光线 night light、月光 moon light、长曝光 long exposure、星轨 startrail、极光 aurora、银河 milky way 等关键词。

panoramic,the streets of the city of Schwaz from mountain top, moon light,long exposure,startrail background --ar 16:9 --v 5.1

panoramic,the streets of the city of Schwaz from mountain top, moon light,long exposure,aurora background --ar 16:9 --v 5.1

生成微距照片

微距摄影可以让观众看到平常难以察觉的微小物品和细节，从而展示出不同的视觉效果和艺术感染力。常见的微距拍摄主题有昆虫、花卉、珠宝、钟表和小型工艺品等。在摄影领域中，微距摄影是为数不多的几个非常依赖于器材的摄影题材，通常要使用如百微等专业微距镜头。

使用 Mj 可以轻松获得专业级的微距摄影作品，首先描述要拍摄的题材，再添加 macro photo 微距摄影关键词即可。在此基础上，可以使用前面学过的光线、色彩控制等关键词，但在此情况下添加景别是无效的，因此微距摄影得到的只可能是特写景别。

beautiful woman eyes,macro photo --ar 3:2 --v 5

bee,macro photo, flower background --ar 16:9 --v 5

生成食品素材照片

利用 Mj 可以生成各类应用于广告、招贴、食品等素材的照片。其中生成常见的实拍类食品素材照片，没有固定的模式及关键词，只需按需描述素材场景即可。

要生成创意类照片，则需要一定的描述语撰写技巧。例如，针对左下图所示的表现蔬菜新鲜感觉的图像，笔者使用了 sparkling water droplets reflect light，意为波光粼粼的水珠反射着光芒。

针对右下图所示的图像，笔者使用的提示语为 cut different fruits fills the entire space，意思是用切开的各类水果充满图像空间。

按同样的原理，可以使用 Mj 生成如水果在空中飞舞、堆叠、排列等其他不同的效果。

Three fresh tomatoes ,white background. sparkling water droplets reflect light, light reflection --ar 16:9 --v 5

close-up of cut different fruits fills the entire space, still life photography --ar 3:2 --v 5

生成美食照片

要生成高质量的美食摄影作品，需要撰写正确的食品种类关键词，如比萨 Pizza、汉堡 Hamburger、烤鸡 Roast chicken、烤牛肉 Roast beef、意大利面 Spaghetti、牛排 Steak、蘑菇汤 Mushroom soup、沙拉 Salad、烤三文鱼 Grilled salmon、面包 Bread、烤鸭 Roast duck、豆浆油条 Soy milk and fried dough sticks、红烧肉 Braised pork belly、炒饭 Fried rice、烤串 Grilled skewers、炸鸡 Fried chicken、饺子 Dumplings、馄饨 Wonton 等。

此外，描述时可以添加环境、餐具等关键词，以及描述食物的状态，如 Steaming hot noodles and greasy grilled chicken 热气腾腾的面条与吱吱冒油的烤鸡。

food photography,2 Steaks on a grill, outdoor BBQ --ar 3:2 --v 5

Steaming hot noodles and sizzling roasted chicken with oil.highly detailed --ar 3:2 --v 5

生成无人机摄影照片

与传统的摄影方式相比，无人机摄影可以拍摄到更加广阔的视野和更加独特的角度，使作品更具观赏性和艺术性。

要使用 Mj 生成无人机视角作品，可使用 drone photography 无人机照片关键词。

Chinese landscape,mountains, clear rivers, birds, clouds and mist, drone photography,majesticultra-vivid colors --ar 3:2 --v 5

complex Overpasses in Forest, autumn, drone photography --ar 3:2 --v 5

生成色彩焦点效果照片

色彩焦点图像是指在图像中仅有某一种颜色，这通常需要在后期处理中使用软件来完成，使用遮罩和图层技术来选择要保留颜色的区域。这种技术可以使图像产生强烈的视觉冲击力，并使特定的主题或物品在照片中更加突出。

在使用 Mj 时，可以使用 Selective blue Color Photography、Monochrome Scene、Selective Color Effect 关键词，直接得到这种效果，在 Color 的前面可以添加具体希望保留的颜色名称。

Selective red Color Photography of City Street, Monochrome Street Scene, Selective Color Effect, crowed,daylight --v 5 --ar 3:2 --s 800

Selective yellow Color Photography , Monochrome Scene, Selective Color Effect,a silver armor warrior facing a huge gold chinese Dragon,burning fire, low angle,smoke,fire,rain,temple background --ar 3:2 --v 5

生成轮廓光暗调效果照片

轮廓光 Rim light 是指在拍摄中，为了让被摄体与周围环境分离开，从被摄体的背后或侧面打光，使被摄体边缘被照亮。为了突出这种艺术光线效果，通常在暗背景下拍摄，因此得到的照片大面积较为深暗，甚至是黑色。

要得到这种效果，需要使用剪影图像 Silhouette image、边缘光 Rim light、黑色背景 Black background 等关键词。

a silhouette image of a dog's head, black background, rim light --v 5 --ar 3:2

a silhouette image of a car,black background, rim light on car edge, side view --v 5 --ar 3:2

生成散景效果照片

散景 bokeh 是指在摄影或电影拍摄中，焦点前后的景深模糊的效果。它是由镜头的光圈、焦距和摄像机与拍摄对象的距离等多种因素共同作用产生的。

散景可以为照片增添美感和深度，突出主体，分离背景，使照片更加生动、自然。

在摄影中，通常使用大光圈、长焦距和近距离的拍摄方式来制造散景效果。

在使用 Mj 生成照片时，可以使用漂亮的散景 beautiful bokeh 关键词来为照片添加散景效果。

grape hyacinth flowers, beautiful bokeh, colorful flowers, against the light --ar 9:16 --s 500 --v 5

生成动感模糊效果照片

动感模糊是一种摄影或拍摄视频时的技巧，通过降低相机的快门速度，使被拍摄的运动物体在画面中呈现出一种运动中的模糊线条效果，这种效果可以让静态的物体看起来充满活力和动感，增加画面的生动性和视觉冲击力。在拍摄运动、舞蹈、体育等具有强烈动感的场景时，动感模糊可以让观众感受到画面中的动态美感，同时创造出一种梦幻或神秘的效果，让画面更富有诗意和艺术感。

要使用 Mj 生成具有动感模糊效果的图像，需要使用动感模糊 motion blur、模糊背景 blur background 关键词，由于正面拍摄的照片动感模糊效果较弱，因此可以使用侧面视角 side view 关键词。

lion running,motion blur, blur background,side view --v 5.1 --ar 3:2

A beautiful lady dressed in gorgeous Chinese Hanfu is dancing in an ancient Chinese courtyard, motion blur, focus face,side view --v 5.1 --ar 3:2

生成移轴摄影效果照片

移轴摄影是一种特殊的摄影技法，通过使用特殊的移轴镜头，能够使被摄体呈现出特殊的景深效果。摄影师可以控制景深的位置和范围，使得被摄体的某些部分清晰，而其他部分模糊，从而营造出一种独特的视觉效果。

这种技法常用于风景、建筑、人像等摄影领域，可以为照片增添一份艺术感和立体感。

要得到移轴摄影，可以使用移轴摄影 tilt-shift 关键词。

people are crossing the traffic light of a crossing road in the city, tilt-shift, aerial view --ar 3:2 --v 5

A cute girl is wearing a red top hat, standing at the bus stop chatting with another fashionable girl, surrounded by busy roads, tilt-shift, aerial view --ar 3:2 --v 5

生成红外摄影效果照片

红外摄影是一种使用特殊的摄影设备和红外滤镜，来捕捉反射和传递红外光谱区域中图像的摄影技术。红外光谱区域是指在可见光谱区域之外的电磁波谱系中的一部分，波长通常在 700 纳米至 1 毫米之间。

由于人眼无法看到红外光，因此红外摄影可以捕捉到肉眼无法看到的图像和细节。由于红外摄影在摄影领域拥有非常独特的表现力，成像效果非常特殊，使得许多摄影爱好者为之痴迷。

使用 Mj 可以生成红外摄影效果照片，撰写提示语时要注意添加红外摄影 infrared photography 关键词。

infrared photography,beijing street --ar 2:3 --s 500 --v 5

生成 LOMO 摄影效果照片

LOMO 摄影风格是指一种用 LOMO 相机拍摄的照片风格，它的特点是色彩鲜艳、对比度强、暗角、模糊等，能够表现出一种古朴、复古、模糊、恍惚的艺术感。Lomography 的核心理念是“拍下即为艺术”，强调随意和实验性，鼓励摄影师拍摄有趣和独特的照片，无论它们是否符合传统摄影标准。现在也有很多手机 App 和后期软件可以模拟 LOMO 摄影风格。

要得到这种风格的照片图像，需要使用 Lomography style 关键词。

Beijing's hutongs, old men riding bicycles, in Lomography style --s 800 --ar 3:2 --v 5

A painter's studio with large windows. in Lomography style --s 800 --ar 3:2 --v 5

生成双重曝光效果照片

双重曝光 Double Exposure 是一种摄影技法，可以将两张或多张不同的照片重叠在一起，创作出令人惊异的视觉效果。

在传统胶片摄影中，双重曝光需要在同一张胶片上拍摄多次，并在处理时控制好不同的曝光时间和相机的移动方向，从而实现多张照片的叠加。

在数字摄影时代，双重曝光可以通过前期拍摄或后期合成实现。

要使用 Mj 生成双重曝光摄影效果，撰写提示语时要注意添加 Double Exposure 关键词，并在提示语中描述主体及重叠的景象。

例如，右图展示的主体是女士 woman，重叠的影像是花朵 rococo style flowers 。

double exposure of a woman and rococo style flowers --ar 2:3 --v 4

生成光绘效果照片

生成光绘效果照片的要点是对暗背景、慢门及光线线条的描述，因此提示语中需要添加发光的线条 Glowing lines、光绘 Light painting、慢门 Slow shutter speed、动感模糊 Motion blur、暗背景 Dark background 等关键词。

long skirts dancing girl, many red glowing lines and blue glowing lines, Light painting,slow shutter speed,dark background ,wide angle,full portrait --ar 2:3 --v 5

A man rotates a spark-spraying fireball in a circle, Light painting, slow shutter speed,motion blur,dark background, no test, wide angle, full portrait --ar 2:3 --v 5 --q 2 --s 800

a supercar making shapes with glow sticks,Light painting,slow shutter speed,dark background ,wide angle --ar 16:9 --v 5

在生成照片时，如果希望出现人，则要注意使用 V5 版本，也可以使用 V4 版本。两者的区别在于，当照片中有人时，V5 版本可以保证人体的准确性，而使用 V4 版本时，人体可能出现变形。

下面展示的是使用前面第一组提示语生成的 V4 版本效果，可以看出来，虽然光绘线条的效果更加丰富、精美，但人体的手、脚与面部出现了变形。

进行照片效果及风格模仿创作

利用 Mj 可以轻松实现仿图式创作。在这个过程中，可以将参考图输入到 Mj 中，然后使用算法得到关键词，再根据关键词生成新的作品。

这种模仿式创作具有以下几个优点。

首先，可以提高创作效率，规避版权风险，创作者能够更快速地完成作品，而且生成的照片没有版权风险。

其次，这种方法使那些没有专业摄影技能或经验的人也可以创作素材图库。

此外，通过参考图进行模仿创作，可以帮助创作者更好地理解和掌握相关的摄影技术和创作思路，从而提高其创作水平和能力。

最后，这种方法还可以为创作者提供创作灵感，从一张基础图像衍生出更多优秀的作品。

要完成这个操作，需要分以下 3 个步骤。

1. 找到参考图，在命令行处找到 /describe 命令，上传此参考图，然后按回车键，从而用 Mj 对参考图进行分析。

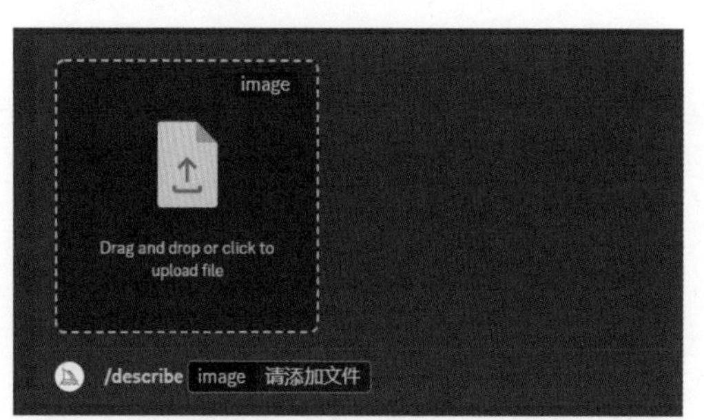

2. 分析 Mj 生成的提示关键词，并组合出自己认可的提示语。

3. 利用图生图的方式，先在提示语中添加参考图的图片链接，再输入自己重新组织描述的新提示语，即可得到不错的效果。

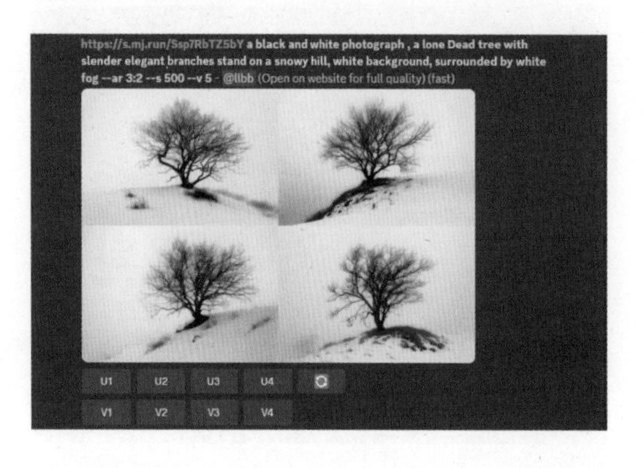

https://s.Mj.run/Ssp7RbTZ5bY a black and white photograph , a lone Dead tree with slender elegant branches stand on a snowy hill, white background, surrounded by white fog --ar 3:2 --s 500 --v 5

下面展示了两组参考图及由参考图生成的效果，可以看出来整体效果还是比较理想的。

https://s.Mj.run/x0ZlK_rqPlY Extremely strong black and white contrast image, a woman walking down the steps ,volumetric light, --ar 9:16 --v 5

https://s.Mj.run/6fzHzCZOF8o Street documentary photography, with the setting sun's rays shining through two intertwined buildings and onto the ground. A beautiful woman riding a bicycle is heading towards the distance. --ar 9:16 --v 5

利用古诗生成创意照片

我国许多古代诗人都有高超的绘画水平，进而使他们创作的诗作也深有画意。例如，“圆荷开时照水秀，翠梧闲处听风吹”“墙角数枝梅，凌寒独自开”“两个黄鹂鸣翠柳，一行白鹭上青天。窗含西岭千秋雪，门泊东吴万里船”“月落乌啼霜满天，江枫渔火对愁眠”

从这些古诗中将画意元素抽出来，以关键词的形式写在提示语中，即可生成非常漂亮的照片。例如，下面是从“飞流直下三千尺”这句诗扩展得到的提示语及图像。

a waterfall cascading down from a height of three thousand feet. The water flows with an otherworldly force, creating a shimmering veil of mist that envelops the scene. The surrounding rocks and cliffs are adorned with fantastical formations, illuminated by ethereal shafts of light that add to the surreal atmosphere. The overall effect is a breathtaking display of nature's magic, evoking a sense of awe and wonder at the fantastical world we inhabit. --ar 9:16 --v 5

提示语的直译是“一个瀑布从三千英尺（1 英尺 = 0.3048 米）的高空倾泻而下。水流以一种超凡脱俗的力量流淌着，形成一层闪亮的薄雾，笼罩着整个场景。周围的岩石和悬崖上装饰着奇异的构造，被空灵的光柱照亮，增加了超现实的气氛。整体效果是大自然魔法的惊人展示，唤起人们对我们所居住的奇幻世界的敬畏和惊叹”。

第 6 章 Midjourney 在插画绘制领域的应用

Midjourney 对于插画绘制人员的影响

如果要说 Mj 对哪个行业影响最大，绝大多数人认为是插画绘制。

随着 Mj 功能的逐渐完善，全球插画绘制工作者都感受到了巨大威胁，因为只要输入正确的提示语，即便是没有美术功底的创作者，也能够在短时间内生成大量质量较高的插画作品。

所以，许多插画工作者都感到自己的创作空间被挤压，面临被取代的风险。

下面是新京报在一篇名为“从月入 2 万到‘没活干’，AI 给原画师们带来了什么？”的文章中报道的典型案例。

28 岁的原画师林佑江已经连续几个月没有“接活儿”了。他是一名自由职业者，平时接一些游戏公司的原画外包单子，“一个月能有两万元左右的收入”，但在今年 2 月以后，游戏公司开始使用 AI（即人工智能）绘画，他突然“没活儿”了。

今年 2 月，有客户直接发来 AI 生成的图片让林佑江修图。林佑江不愿意，一方面，他不愿意做修图的工作，“自己创作和给别人修图肯定还是不一样的。”另一方面，原本画一张图的价格是 8000 ~ 10000 元，对方给的修一张图的价格为 2000 元，“他们觉得图像已经生成了，我只需简单地修一修，将价格压得很低。”但林佑江觉得自己的工作量应该要达到 5000 ~ 6000 元，拒绝了。

连续几个月接不到活儿，林佑江试着去找工作。发现很多公司要求他们具备使用 AI 软件的技能，面试变得更加困难，一位人力资源专员告诉林佑江，现在与原画师相关的岗位，每个岗位都有上百人面试。“有一些公司因为还在观望未来 AI 绘画的发展方向，暂时停止招聘新的员工。”

这个典型的案例反馈出类似于 Mj 的 AI 绘画平台对于插画绘制工作者的现实影响。

实际上每当新技术诞生时，都会导致一部分人失业。例如，当摄影技术诞生时，肖像画家的工作受到极大影响，使一部分画家转行成为画意摄影师，一部分画家下岗再就业，尝试拓展摄影技术无法触及的绘画风格，并因此出现了文森特·梵·高、毕加索等现代绘画流派。

所以，面对 AI 技术的影响，插画绘制工作者必须要找到新的生成空间，例如，插画绘制工作者可以将更多的时间和精力投入到新的领域，如视频创作、工业设计、包装设计等。

利用自己在插画绘制领域积累的审美水平与客户资源，以及强大的 AI 平台，通过更高效的流程打造新的增长点。

两种方法生成插画图像

提示语法

在使用 V4 或 V5 版本的情况下，如果在提示语中添加 2D 二维平面图像、插画 Illustration、线描 Line art、手绘 Hand drawn、矢量图 Vector、绘画 Drawing、水彩画 Watercolor、铅笔画 Pencil、水墨风格 Ink style、动画 Anime、平面绘画 Flat painting 等明确指出图像类型属于插画、绘画类的词语。或者在提示语中使用 in style of 、by ……语句，并在后面添加了插画艺术家的名字，则可以轻松得到各种不同类型的插画图像。

例如生成下面的图像时，笔者添加了细线条 Thin lines、矢量图像 Vector image、抽象线条 Abstract lines 3 个关键词，并使用了极简风格肖像 Minimalist portrait，因此，生成的整体风格与效果与构想中的图像基本没有太大出入。

A minimalist portrait of a woman wearing a hat and scarf with tapered lines on a dark red gradient background,simple, thin lines, vector image, abstract lines --ar 2:3 --v 4

生成下面的插画时，笔者在提示语中加入了知名插画艺术家的名字 Peter Elson，他是英国知名科幻插画家，其作品的主题常常围绕着复杂的机器、外星人、星球和宇宙船等素材。

ci-fi worldly garden of paradise by Peter Elson --ar 2:3 --s 800 --v 5

参数法

Mj 有专门的插画模型 Niji，在撰写提示语时，只要在最后添加参数 --niji 即可调用模型生成矢量插画。

此外，还可以使用本书第 2 章所讲解的 /settings 命令，单击 Niji version 5 按钮，调用新的 Niji 版本。

pokemon gym leader fan character concept,full portrait, Fairy type pokemon, inspired by Xernieas and Sylveon, cute, light skin, heterochromia, long thick white pinkish colored hair, pink and white colorful and vibrant, auroracore, by studio trigger --ar 2:3 --niji 5 --s 750

使用 Niji version 5 版本与 Niji version 4 版本，虽然都可以绘制出漂亮的插画作品，但 Niji version 5 在光影、细节、线条分割、插图特点方面均优于 Niji version 4，而且 Niji version 4 不支持 --s 风格化参数，下方左图由 Niji version 5 生成，右图由 Niji version 4 生成。

Beauitful Goddess of fire and lightning, full body shot, in the night sky, Angry, dynamic pose, Unleashing all her power, Lightning and Fire everywhere, Powerful, Uncontrollable , Studio Ghibli Painted By Akari Toriyama --ar 2:3

控制风格参数获得更丰富的细节

在前面的基础讲解中，笔者曾对 --s 这个参数进行过分析与讲解，在此需要特别强调一下，这个参数对于插画的复杂程度和精彩程度，以及与原提示语的吻合程度有很大的影响。

下面通过一组图片进行示例。

the love of goddess, illustrations, concert poster, vivid color --ar 9:16 --v 5 --s 1000

--s 500

--s 200

--s 10

可以看出，--s 参数的值越小，插画的整体越简单，风格化越弱，反之，画面会被增加大量细节，显得非常丰富、华丽，但这并不意味着 --s 参数值越大越好，因为有时增加的元素反而会干扰主体的呈现效果。

而且更重要的是，当数值增大时，画面的整体效果也愈加偏离提示语的原义。

24 种插画风格创作关键词

插画风格是指插画作品所采用的艺术表现风格和特点。不同的插画风格拥有不同的表现形式和表现手法，每种风格都有其独特的特点和魅力。

例如，卡通风格的插画以简洁明快的线条和生动夸张的表现手法为特点，通常用于表现幽默、搞笑的场景和角色；水彩风格的插画则以柔和、清新的色彩和流畅的线条为特点，通常用于表现柔和、温暖的场景和情感；写实风格的插画则注重细节和真实感，通常用于表现现实主义的场景和人物。

生成不同风格的插画需要使用不同的关键词，笔者在此展示了常见的 24 种插画风格关键词。

水彩画风格效果

Aerial view, watercolor,A pirate stands on a very high hill, looking down at the whole city,in style of Anders Zorn --ar 9:16 --v 4

迷幻风格效果

Psychedelic, sci-fi, colorful, Disney Princess --ar 2:3 --v 5 --v 5

水墨画效果

The white crane stands alone on one foot, the rockery, the pond,bold illustration, white background, Chinese ink style ,ink drop --ar 2:3 --v 4 --q 2

泼墨画效果

Aerial view, Chinese ink style ,bold illustration,ink splash,ink drop ,many detail,A pirate stands on a very high hill, looking down at the whole city --ar 9:16 --v 4

华丽植物花卉风格效果

Fusion between Pointillism and Alcohol ink painting, Vibrant, Glowing, Ethereal Elegant Goddess By Anna Dittmann, Baroque style ornate decoration, curly flowers and branches， metallic ink --ar 2:3

素描效果

Aerial view, graphite sketch ,many detail,A pirate stands on a very high hill, looking down at the whole city --ar 9:16 --v 4

三角形块面风格效果

Aerial view,in the style of cubist multifaceted angles, dark green and blue, many detail,A pirate stands on a very high hill, looking down at the whole city --ar 9:16 --v 4

Cubist multifaceted angles：这是一种与立体派 Cubism 相关的艺术风格。这种风格是将一个物体分解成多个几何形状和角度，然后重新组合它们，以同时呈现多个角度。从视觉效果上看，使用这种风格绘制的图像是一个复杂、多面的形象，具有极强的块面化特点。

彩色玻璃风格效果

Aerial view, vibrant Stained Glass, in style of John William Waterhouse,many detail,A pirate stands on a very high hill, looking down at the whole city --ar 9:16 --v 4

Stained Glass：即彩绘玻璃风格，它模仿了彩绘玻璃窗的效果。这种风格使用明亮、饱和的色彩和大胆的线条来营造一种富有活力和生命力的感觉。这种风格通常与教堂的彩绘玻璃窗联系在一起，但在当代艺术中，它也被广泛应用于其他领域，如插画、海报、装饰艺术等。

剪影画效果

Aerial view, Line draw, in style of silhouette, many detail, A pirate stands on a very high hill, looking down at the whole city --ar 9:16 --v 4

黑白线条画效果

Aerial view, Coloring book page, Simplified line art vector outline , Many intricate details, illustrator, A pirate stands on a very high hill, looking down at the whole city --ar 9:16 --v 4

扎染风格效果

Aerial view, tie dye Illustration ,many detail,A pirate stands on a very high hill, looking down at the whole city --ar 9:16 --v 4

立体主体拼贴效果

Aerial view, A pirate stands on a very high hill, looking down at the whole city, Cubist screen print illustration style, by Albert Gleizes and Juan Gris style --ar 9:16 --v 4 --s 400

tie dye：即扎染，是一种传统的染色工艺，也被称为“绑染”或“结染”，其技术是将织物折叠、卷起、绑扎成各种形状，再将其浸入染料中，从而形成具有独特图案和纹理的织物。

扎染的起源可以追溯到公元前 2000 年左右的古代印度，后来在我国和日本也逐渐形成了独特的传统染色工艺，被广泛应用于传统和现代服装、家居用品、工艺品和艺术品等方面，其独特的图案和纹理深受大众的赞赏和喜爱。

Cubism：即立体主义，是一种现代艺术风格，起源于 20 世纪初期的法国，由毕加索和布拉克等人发明并发扬光大。立体主义的主要特征是以几何体为基础，将被描绘的物体分解为几何形体，再将其用立体角度组合，强调空间感和视觉效果。这种风格主要运用于绘画和雕塑中，曾对当时的现代艺术潮流产生了深远影响。阿尔贝·格莱兹 Albert Gleizes 和胡安·格里斯 Juan Gris 是法国立体派运动的重要代表人物。

黑白色调画效果

Aerial view, concept art ,black line art work,coloring page for adult,black and white, many detail,A pirate stands on a very high hill, looking down at the whole city --ar 9:16 --v 4

霓虹风格效果

Aerial view, light painting neon glowing style, many detail,A pirate stands on a very high hill, looking down at the whole city --ar 9:16 --v 4

战锤游戏风格效果

Aerial view, warhammer style, dramatic lighting , many detail,A pirate stands on a very high hill, looking down at the whole city --ar 9:16 --v 4

波普艺术复古漫画风格效果

Aerial view, in pop art retro comic style, in style of Roy Lichtenstein,illustration, many detail,A pirate stands on a very high hill, looking down at whole city --ar 9:16 --v 4

warhammer style：即战锤风格，是一种独特的插画风格，源自于同名桌面游戏 Warhammer。这种风格通常描绘了战争、奇幻和科幻元素，具有明亮而强烈的色彩、尖锐的线条和高度详细的细节。

战锤风格在描绘人物、机械、生物和场景等各种元素方面都非常出色，并且经常使用强烈的阴影和高光来强调形状和细节。

这种风格的作品通常具有强烈的情感和动感，因此被广泛应用于游戏、动漫、电影和书籍等媒体中。

pop art：即波普艺术，是 20 世纪 60 年代末期兴起于英国和美国的一种新的艺术运动，是一种反对传统的绘画和雕塑形式的革命性艺术。

波普艺术的风格特征是用明亮的颜色、大量的流行文化和大众媒体中的符号和图像，创造出一种大众化的视觉效果。

波普艺术家强调艺术与生活之间的互动关系，代表人物有安迪·沃霍尔、罗伊·利希滕斯坦等。

粉笔画效果

Aerial view,Chalk drawing,white lines on black background,many detail,A pirate stands on a very high hill, looking down at the whole city --ar 9:16 --v 4

炭笔画效果

Aerial view,Charcoal drawing,black and white,many detail,A pirate stands on a very high hill, looking down at the whole city --ar 9:16 --v 4

点彩画效果

Aerial view,Pointillism,in style of Georges Seurat,many detail,A pirate stands on a very high hill, looking down at the whole city --ar 9:16 --v 4

构成主义风格效果

Aerial view,Constructivism,in style of Piet Mondrian,many detail,A pirate stands on a very high hill, looking down at the whole city --ar 9:16 --v 4

Pointillism：即点彩绘画风格，于 19 世纪末由法国艺术家乔治·修拉 Georges Seurat 发明，他运用色彩理论和光的物理特性，创造了点彩绘画的技法，通过在画布上点上大小不同的颜色点，使得整幅画面在远处观看时，具有立体感和光影变化。

修拉是点彩派的创始人之一，代表作品包括《星期天下午的岛屿》《浴场》等。点彩派影响了包括文森特梵高、保罗塞尚和亨利·马蒂斯在内的许多艺术家。

Constructivism：即构成主义风格，旨在通过几何形状、简洁的线条和平面色彩来创造一种新的、现代的艺术语言。这种风格强调艺术作品的构成和结构，将艺术简化为基本的构成元素。

构成主义风格的代表艺术家是彼得·蒙德里安 Piet Mondrian，他的作品以纯净的几何线条、简洁的图形和极简的配色著称，代表作品包括《构成 II 》《红、黄、蓝》等，他的艺术风格也被称为“新艺术主义”，是现代艺术史上的重要代表之一。

反白轮廓插画效果

white silhouette, illustrator, Middle Ages Elf Warrior, full portrait,pure black background --ar 9:16 --v 4

像素化效果

Aerial view,8bit,A pirate stands on a very high hill, looking down at the whole city --ar 9:16 --v 4

木刻版画效果

Aerial view,mabel annesley style, woodcut print ,many detail,A pirate stands on a very high hill, looking down at the whole city --ar 9:16 --v 4

woodcut print：即木刻版画，是一种传统的版画制作技艺，即将图案或图像刻在木板上，然后再通过压力印在纸张上，形成版画作品。这种技艺在艺术设计、印刷和出版等领域有着广泛应用，因为木刻版画能够呈现出独特的纹理和质感，同时也可以通过调整印刷过程中的压力和颜料来达到不同的效果和表现手法。

油画效果

Aerial view, A pirate stands on a very high hill, looking down at the whole city,oil painting, brush strokes, by Razumovskaya --ar 9:16 --v 4 --s 800

oil painting：即油画，这种绘画技法因艺术家使用油性颜料而得名，使用这种绘画技法能使艺术家创造出丰富的颜色和纹理，其历史可以追溯到 15 世纪的欧洲，并一直流行到了今天。现在人们耳熟能详的艺术家，如文森特·梵·高 Vincent van Gogh、保罗·塞尚 Paul Cézanne、亨利·马蒂斯 Henri Matisse、威廉·特纳 William Turner、杰克逊·波洛克 Jackson Pollock 等都是以油画为主要媒介进行创作的。

模拟 19 位不同风格插画大师作品关键词

不同的插画家或设计师有着不同的特色，例如，Carne Griffiths 的作品通常是用墨水、茶或酒等液体媒介绘制，然后用彩笔或水彩增强色彩和细节。他的作品常常具有流动性和流畅感，融合自然和抽象元素且有一定的纹理感和层次感。又例如，经典动画《Final Fantasy》系列的角色设计和插画设计师 Yoshitaka Amano 的作品则具有细致的线条和纹理、梦幻和浪漫主义及动漫特点。

因此，可以在 Mj 的提示语中加入不同的设计师名称，使生成的作品具有明显的风格倾向。

儿童读物风格插画师

Aerial view, in style of Eric Carle ,illustration,many detail,A pirate stands on a very high hill, looking down at the whole city --ar 9:16 --v 4

色彩鲜艳、形状明快的插画师

in style of Tomokazu Matsuyama

龙与地下城作品插画师

in style of Boris Vallejo

简洁画风插画师

in style of Rufino Tamayo

强烈黑白对比效果插画师

in style of Tsutomu Nihei

最终幻想作品插画师

in style of Yoshitaka Amano

清新优美风格插画师

in style of Kawacy

丰富细节插画师

in style of Margaret Mee

流动风格、细致线条插画师

in style of Carne Griffith

版画风格插画师

in style of Erin Hanson

吉卜力宫崎骏效果

in style of Ghibli cartoon style

超现实主义水彩风格插画师

in the style of Killian Eng

细致暗黑风格插画师

in style of Luis Roy

幻想艺术风格插画师

in style of Frank Frazetta

地狱男爵作品插画师

in style of Mike Mignola

油画肖像风格插画师

in style of John Singer Sargen

细腻植物插画效果

peach tree branch, botanical illustration, white background, style of Margaret Mee --ar 16:9 --q 4

超现实主义水彩风格插画师

Colored Loki with white horse surrounded by blue flame stencil drawing for tattoo,in style of Leonardo Da Vinci, --ar 2:3 --v 5 --q 2 --s 750

Leonardo Da Vinci：莱昂纳多·达·芬奇是文艺复兴时期意大利的多才艺术家，涉猎广泛，包括绘画、雕塑、建筑、工程、解剖学和科学等领域，尤以绘画著称。他的绘画风格融合了古典文艺复兴的精神和风格，具有强烈的理性、平衡和和谐感。他的作品注重透视、光影、质感和细节处理，形象生动，丰富多彩，刻画人物的神态和情感非常细腻。他还擅长运用色彩，尤以深色调为主，给人以深刻的印象。他的画派主要是文艺复兴时期的高文艺复兴派，其风格也被称为“达·芬奇风格”，对后世绘画的影响非常深远。

他的许多作品被认为是古典艺术的杰作，其中最著名的包括《蒙娜丽莎》《最后的晚餐》等。

他在科学领域也取得了很多成就，尤其在解剖学、天文学和工程学方面。他是一位非常多才多艺的艺术家和学者，被认为是历史上最杰出的多面手之一。

超现实立体主义风格插画师

abstract,in style of Pablo Picasso, oilpainting, musikinstrument, thick paint, expressive --ar 2:3 --v 4 --q 5 --s 500

Pablo Picasso：巴勃罗·毕加索是 20 世纪最具影响力的艺术家之一，对绘画、雕塑、版画、陶艺等领域都有重要贡献，他的作品涉及以下艺术类型。

立体主义 Cubism：以几何体和立方体为主要表现形式，强调形式的结构和空间感。Picasso 是立体主义的创始人之一，他的画作《亚妮》（Les Demoiselles d'Avignon）被认为是立体主义风格的代表作之一。

超现实主义 Surrealism：超现实主义是 20 世纪初期出现的一种文学和艺术运动，试图表现出现实世界无法呈现的东西。Picasso 的画作《格尔尼卡》（Guernica）被认为是超现实主义风格的代表作之一。

表现主义 Expressionism：表现主义是一种试图表现出情感和内心体验的艺术风格，Picasso 在一些画作中也表现出了强烈的表现主义倾向，如《哀悼的女人》（The Weeping Woman）。

利用古诗生成中式插画

我国许多古代诗人都有高超的绘画水平，进而使他们的诗作也深有画意。例如，“圆荷开时照水秀，翠梧闲处听风吹”“墙角数枝梅，凌寒独自开”“两个黄鹂鸣翠柳，一行白鹭上青天。窗含西岭千秋雪，门泊东吴万里船” “月落乌啼霜满天，江枫渔火对愁眠”。

从这些古诗中将画意元素抽取出来，以关键词的形式写在提示语中，即可生成非常漂亮的中式插画。

例如，下面是以“月落乌啼霜满天，江枫渔火对愁眠”为例，以简单的直译方式生成以下关键词后，得到的插画效果。

月落 Moonset、鸦啼 Raven's cry、霜天 Frosty sky、枫叶 Maple leaves、渔火 Fishing fire、哀眠 Sorrowful sleep、姑苏城 Gusu city、寒山寺 Cold mountain temple、夜钟 Midnight bell、客船 Guest ship

在撰写提示语时，要注意加入 ink color 或 Chinese ink style。

Moonset, Raven's cry, Frosty sky, Maple leaves, Fishing fire, Sorrowful sleep, Gusu city, Cold mountain temple, Midnight bell, Guest ship,Strong and deep ink colors in contrast with soft and light brushstrokes, using rough paper and calligraphy brush --ar 9:16 --q 2 --s 750 --v 5

生成日式插画需要了解的艺术家

在整个插画领域，日式风格是无法绕开的一个大类，其影响范围非常广泛，在世界范围内从动画、游戏到出版物和广告等领域，都可以看到日式插画的痕迹。

下面是生成日式插画需要了解的关于艺术家及对应知名作品的关键词。

新海诚 Makoto Shinkai，代表作品《你的名字》（Your Name）；手冢治虫 Osamu Tezuka，代表作品《铁臂阿童木》（Astro Boy）；宫崎骏 Hayao Miyazaki，代表作品《千与千寻》（Spirited Away）；尾田树 Eiichiro Oda，代表作品《海贼王》（One Piece）；武内直子 Naoko Takeuchi，代表作品《美少女战士》（Sailor Moon）；井上雄彦 Takehiko Inoue，代表作品《灌篮高手》（Slam Dunk）；平井久司 Hisashi Hirai，代表作品《高达》（Gundam）；藤本弘 Hiroshi Fujimoto，代表作品《哆拉 A 梦》（Doraemon）；吉成曜 Yon Yoshinari，代表作品《新世纪福音战士》（Evangelion）；鸟山明 Akira Toriyama，代表作品《龙珠》（Dragon Ball）；三浦美纪 MiKi Miura，代表作品《樱桃小丸子》（Chibi Maruko-chan）。

下面是笔者使用不同的艺术家名称生成的效果，可以看出来风格差异明显。

A girl is walking on the street.in style of Chibi Maruko-chan ,by MiKi Miura --ar 2:3 --niji 5

A girl is walking on the street.in style of Gundam,by Hisashi Hirai --ar 2:3 --niji 5

A girl is walking on the street.in style of Spirited Away ,by Hayao Miyazaki --ar 2:3 --niji 5

A girl is walking on the street.in style of Your Name ,by Makoto Shinkai --ar 2:3 --niji 5

绘制四格漫画关键词

使用关键词 comic pages 可以绘制出有意思的四格漫画格式插画，例如，下面创作的是一幅以超人大战蜘蛛侠为主题的四格漫画。

superman fight spideman, fight, comic pages --ar 1:2 --v 4

绘制插画教学图像关键词

使用关键词 Step-by-Step Guide for draw, teach book page layout 可以绘制出类似于插画教学书籍的图像。

Step-by-Step Guide for draw,teach book page layout,The female fighter character design,fight pose,full portrait, white background, --q 4

绘制涂色书图像关键词

使用关键词 Coloring book page, Simplified line art vector outline 可以绘制出涂色书图像。

Coloring book page, Simplified lineart vector outline,Chrysanthemums,Many intricate details ,clean, white background --ar 2:3 --s 850 --q 2 --v 5

绘制示意草图关键词

使用关键词 drawing guide vector 可以绘制出类似结构说明图类的插图。

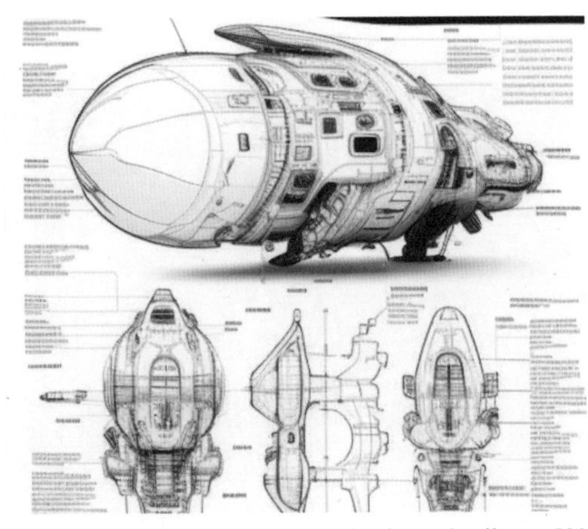

spaceship drawing guide, vector, intricate details --s 500 --v 4

绘制多角度角色设计关键词

如果要在一张图像中体现同一动漫角色的多个属性，如不同的表情、不同的服装、不同的动作等，可以使用以下关键词：Character concept design sheet 角色概念设计表、Character expression sheet 角色表情设计表、Character pose sheet 角色动作设计表、Turnaround sheet 角色旋转角度设计表、Concept design sheet 角色概念设计表、Items sheet/accessories 道具 / 配饰设计表、Dress-up sheet 着装设计表。

这些关键词不仅可以应用于插画绘制类型，同样可以应用于本书所讲述的其他设计领域。

long hair female warrior close up character design, Concept design sheet, white background

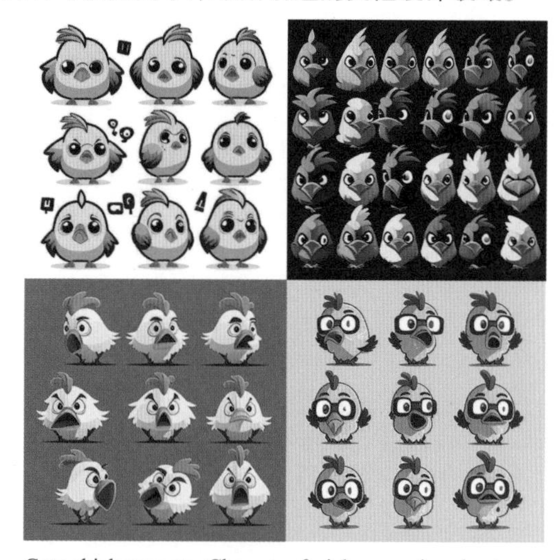

Cute chicken vector Character facial expression sheet

adorable toddler siamese kitten cartoon, dynamic poses, Character pose sheet, watercolor, white background --v 5

old dieselpunk king ,Turnaround sheet,detailed, watercolor, white plain background --niji 5

第 7 章 Midjourney 在设计背包、服装及鞋子等产品中的应用

使用 Midjourney 辅助设计包

基本思路

使用 Mj 辅助设计包时，要从以下几个方面对包进行详细描述。

◎ 外形及尺寸，如方形或圆形，是大包还是小包，有什么样的特殊造型。

◎ 定位用途，如男士商务、女士休闲或中性旅行包。

◎ 制作工艺，如是刺绣还是压花等。

◎ 材质及颜色，如是帆布还是皮革等。

◎ 细节，如装饰物等。

包的常见材质类型

在包的设计中，常见的材质包括以下几个。

◎ 皮革 Leather：牛皮、羊皮、鳄鱼皮、蛇皮等各种皮革材质，它们具有优秀的手感和耐久性，是高端包常用的材质之一。

◎ 丝绸 Silk：轻薄柔软、手感优美，适合制作高档女包。

◎ 帆布 Canvas：透气、轻便、耐用，是运动休闲包和旅行包的首选材质。

◎ 尼龙 Nylon：具有防水、耐磨、易清洗等特性，适合用于户外运动包和旅行包。

◎ 人造革 Synthetic Leather/PU Leather：类似于皮革，但成本更低，同时也能模拟出各种不同的纹理和效果，被广泛用于各种类型的包。

◎ 金属 Metal：如金属链条和五金配件等，可以为包包增添特别的装饰效果。

◎ 天然纤维 Natural fibers：如草编、竹编等，常用于制作夏季包、手提包等。

◎ 塑料和橡胶 Plastic and rubber：近年来，透明塑料、硅胶等材料逐渐被应用于包的设计中，为包增添了时尚元素。

包的常见特殊工艺设计类型

为了增加包的艺术感，可以在撰写提示语时添加关于制作工艺的描述，常见的几种类型如下。

◎ 浮雕设计 3D embossing：通过制作凸凹的花纹或图案，营造出立体感。

◎ 缝制 / 绣花设计 stitching/embroidery：在包面或者其他部位进行缝制或绣花，可以让包面产生立体感。

◎ 雕刻 / 刻印设计 carving/engraving：在包的外面进行雕刻或刻印，使花纹或图案凸起，从而营造出立体感。

◎ 反光设计 reflective design：在包的外面使用反光材质，当光线照射时，会形成阴影和光亮的变化，营造出立体感。

◎ 拼接设计 patchwork design：使用不同材质或颜色的布料拼接在一起，使包面产生立体感。

可爱猫咪主题女士双肩背包设计

这款背包定位于城市白领女士，以可爱的猫咪为设计主题，为此笔者撰写的提示语如下。

Backpack design, product image，white background，a black backpack with a face of a black cat on front, in the style of romantic academia --ar 2:3 --v 5 --v 5

在这段提示语中，Backpack design, product image,white background 用于定义背包设计、产品图像展示、白色背景。

a black backpack with a face of a black cat on front 用于定义背包的颜色为黑色，正面的造型是一个猫脸。

in the style of romantic academia, multi-layered 用于定义包的整体风格为浪漫学院风格。

使用以上提示语得到以下 3 款背包设计方案。

为了让背包更女性化，笔者在提示语中增加了关键词 pink，使背包为粉红色。

为了再给背包增加装饰感，又在提示语中添加了闪亮的珠片 shimmering pearls 关键词，得到如右图所示的效果。

银色仿鳄鱼皮纹理女士双肩背包设计

这款背包的设计特点是使用了银色仿鳄鱼皮纹理，而且使用了金色的配件，因此笔者撰写的提示语如下。

Backpack design, product image,white background,silver Crocodile skin texture backpack with gold nails, Women Multi-Functional Mini Backpack, --ar 2:3 --s 800 --no Exterior pockets --v 5

在这段提示语中，silver Crocodile skin texture backpack 用于定义背包为银色，且纹理为鳄鱼皮纹理。

gold nails 用于定义背包的配件为金色，Women Multi-Functional Mini Backpack 用于定义包的类型为女士多功能双肩小背包。

参数 --no Exterior pockets 用于限制包没有外部口袋，以体现干脆利落的感觉。

使用以上提示语得到以下 3 款背包设计方案。

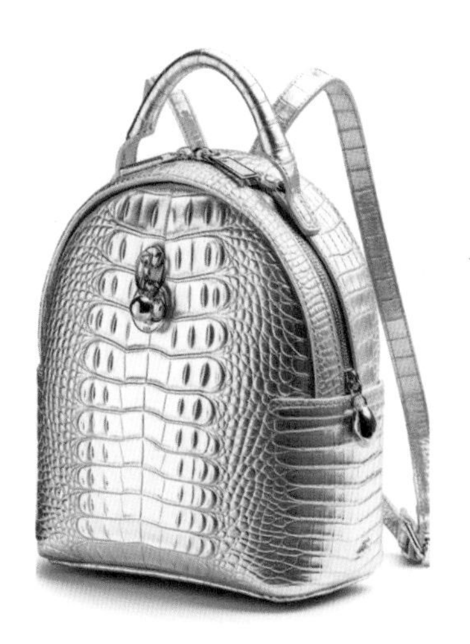
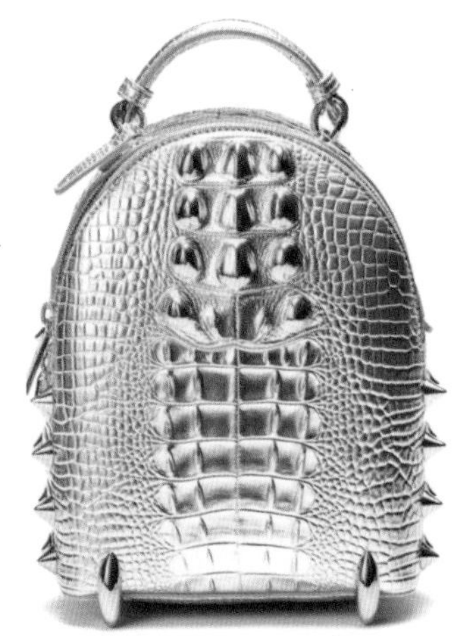

考虑到现在许多女士喜爱中性背包，因此笔者增加了带圆角的方形背包设计 Square backpack with rounded corners design 短句，得到如右图所示的效果。

牛皮男士商务背包设计

这款背包定位于城市商务男性，使用了牛皮纹理，且有多个外部口袋。笔者撰写的提示语为：Backpack design, product image,white background,Brown and Coffee color,Men's business bag with cowhide texture with 5 Exterior pockets,multi-layered --ar 2:3 --s 800 --v 5，其中，Men's business bag with cowhide texture with 5 Exterior pockets 男士商务包，采用牛皮质地设计，有 5 个外部口袋是关键性描述。

艺术气质女士背包设计

笔者撰写的提示语为：Backpack design, product image，white background，Women Artificial Leather Elegant Large Capacity Tote Handbag With Picasso-style decorative motifs --ar 2:3 --s 800 --v 5，其中，提示语的最后一句是指此包是有毕加索式装饰图案的女士人造革优雅手提包，是包的关键性描述。

复古帆布水桶包设计

笔者撰写的提示语为：Backpack design, product image，white background，Women yellow Casual Canvas Bucket Handbag with metal grommet , Vintage style --ar 2:3 --s 800 --v 5，其中，最后两句是指这个包是一个有金属铆钉的女性黄色休闲帆布水桶包，复古风格设计。

压花工艺女士背包设计

下面是一款压花工艺女士背包设计提示语。

Backpack design, product image,white background,Women High-end Multifunction Soft PU Leather Backpack,floral embossed, glod grommet,blue --ar 2:3 --s 800 --v 5

在上面的提示语中，Women High-end Multifunction Soft PU Leather Backpack 是指女性高端多功能软质 PU 皮革背包，Floral embossed 是指压花工艺，Glod grommet 是指金属铆边，Blue 是指包为蓝色。

涤纶军旅特色旅行包设计

下面的提示语设计的是一款军旅特色的多功能旅行背包。

Backpack design, product image,white background,Square Travel Backpack made of polyester fabric,orange,Backpack-style straps,Military style. --ar 2:3 --s 800 --v 5

其中，Square Travel Backpack made of polyester fabric 是指涤纶方形背包，Backpack-style straps 是指背包式的肩带，Military style 是指军队风格，orange 是指包为橙色。

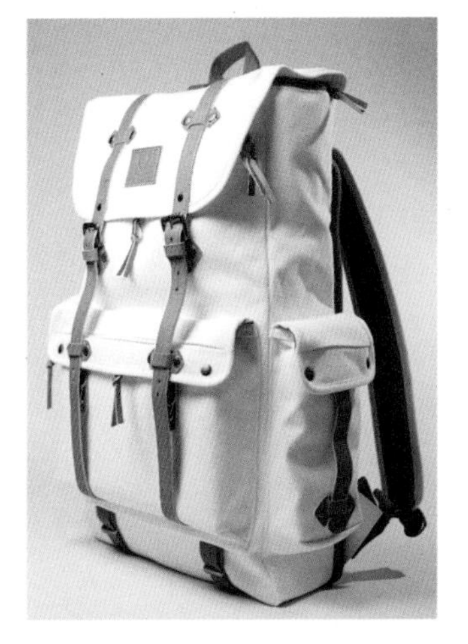
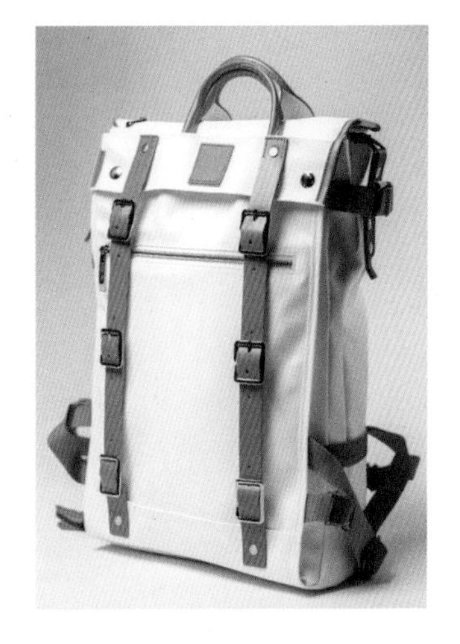

常见的不同类型的包的名称

在使用 Mj 设计包时，应该尽量在提示语中加入对于包的类型与名称的描述，可以参考下方笔者汇总的一些名称。

复古帆布背包 Vintage Canvas Backpack Rucksack、男士真皮斜挎肩包 Men's Genuine Leather Crossbody Shoulder Bag、女士尼龙防水旅行背包 Women's Nylon Water Resistant Travel Backpack、中性户外运动徒步背包 Unisex Outdoor Sports Hiking Backpack、时尚 PU 皮革笔记本电脑背包 Stylish PU Leather Laptop Backpack、休闲帆布肩包信使包 Casual Canvas Shoulder Bag Messenger Bag、轻便可折叠背包 Lightweight Foldable Packable Backpack、波希米亚流苏背包钱包 Bohemian Fringe Tassel Backpack Purse、复古民族刺绣帆布背包 Retro Ethnic Embroidery Canvas Backpack、女士高端多功能软质 PU 皮革手提包双层大容量背包 Women High-end Multifunction Soft PU Leather Handbag Double Layer Large Capacity Backpack、复古休闲帆布双肩背包手提包女士男士通用 Brenice Vintage Casual Canvas Backpack Handbag For Women Men、女士尼龙休闲防水肩包旅行妈咪包 Women Nylon Leisure Waterproof Shoulder Bag Travel Mummy bag、女士三件套流苏手提包斜挎包 Women Three-piece Set Tassel Handbag Crossbody Bag、复古商务多口袋多功能防水可穿戴多用途背包公文包 Ekphero Vintage Business Multi-Pockets Multifunction Waterproof Wearable Multi-Carry Backpack Briefcase - Ekphero 、男士复古多功能仿皮 15.6 英寸笔记本电脑包公文包斜挎包 Men Vintage Multifunction Faux Leather 15.6 Inch Laptop Bag Briefcase Crossbody Bag

包的不同部位的描述关键词

为了准确描述包的不同部位，可以使用以下关键词。

扣环 Buckle：一种用于连接两条带子或者皮带的装置。

拉链 Zipper：用于开合袋子的口，也可以用于调节口袋的大小和形状。

外部口袋 Exterior pockets：指包外侧的置物小口袋。

带子 Strap：用于搭载和固定背包、手提包，通常由皮革、尼龙或者帆布制成。

D 型环 D-ring：一种带有 D 字形截面的金属环，通常用于固定带子、吊绳或者钩子等配件。

扣子 Clasp：一种用于开合包袋或者固定带子的装置，通常由一个纽扣和一个固定环组成。

磁扣 Magnetic snap：一种使用磁力吸附的开合装置。

带扣调节器 Strap adjuster：用于调节背带长度。

铆钉 Rivet：用于加固包袋的各个部位。

钥匙扣 Key fob：用于固定钥匙或其他小物品。

包袋脚钉 Bag feet：用于保护包袋底部并防止磨损。

旋转夹 Swivel clip：用于固定背带或钥匙扣等配件。

转扣 Turn lock：用于固定包袋的开口。

金属铆边 metal grommet：用于加强和保护材料边缘的金属小圆环。

使用 Midjourney 辅助设计服装

服装设计概述

服装设计是指将设计师的创意想法转化为实际可穿着的服装，主要涉及 3 个方面：造型设计、图案设计和面料选择。

◎ 造型设计包括服装款式、形状、剪裁和线条等方面。设计师通过对身体的形状和比例进行了解和分析，创造出独特的服装款式，使得服装既美观大方，又适合不同体形的人群穿着。

◎ 图案设计是服装设计中不可缺少的一环。通过图案的组合和色彩的搭配，可以使服装更具时尚感和视觉冲击力。不仅如此，图案还能够突出服装的主题和特点，进一步增强服装的个性化和品牌认知度。

◎ 面料选择是为了确保服装的质量和舒适性。不同的服装款式需要使用不同类型的面料，如棉、丝、麻、化纤等。设计师需要根据服装的使用场合和主题，选择最合适的面料，使服装的品质和美感得到最佳体现。

根据 Mj 的特点，创作者不仅可以尝试使用 Mj 来创意展现不同服装的造型款式，还可以很方便地展现不同图像印刷在衣服上的效果。

常见的不同服装关键词

为了正确描述服装的类型，创作者需要了解以下不同服装的关键词。

连帽衫 Hoodie、棒球夹克 Baseball Jacket、羽绒服 Down Jacket、风衣 Trench coat、针织衫 Sweater、运动夹克 Track jacket、牛仔夹克 Denim jacket、衬衫 Shirt、西服 Suit、短袖 T 恤 Short-sleeved T-shirt、长袖 T 恤 Long-sleeved T-shirt、圆领 T 恤 Crew Neck T-Shirt 、马甲 Vest、短裤 Shorts、运动裤 Athletic pants、雨衣 Raincoat、皮衣 Leather jacket、羽绒服 Down jacket、牛仔衣 Denim jacket、牛仔裤 Denim jeans、毛衣 Sweater、针织衫 Knitted sweater、晚礼服 Evening dress、中山装 Zhongshan suit、唐装 Tang suit、工作服 Work uniform、迷彩服 Camouflage uniform、汉服 HanFu、POLO 衫 Polo Shirts、打底裤 Leggings

常见的不同服装部位关键词

为了正确描述服装的部位及构件，创作者需要了解以下关键词。

领口 Collar、领带 Necktie、翻领 Lapel、扣子 Button、袖口 Cuff、袖子 Sleeve、腰带 Belt、裤腰 Waistband、裤腿 Trouser leg、衬衫领 Shirt collar、衬衫袖 Shirt sleeve、胸部 Chest、胸口袋 Chest pocket、拉链 Zipper、扣子 Button

模特展示关键词

如果仅希望显示衣服，可以在参数中添加 --no model，否则 Mj 生成的照片中就有可能包括模特。下面的两组图像使用的提示语完全一样，区别仅在于是否添加了此关键词。

为服装设计图案

Mj 在服装设计领域最简单的应用是为服装设计图案，首先定义服装类型，如棒球夹克 Baseball Jacket 、婴儿连体衣 baby onesie 等，然后描述图案效果即可。如果需要正面与背面的效果，可以添加 back view and front view 关键词，如果需要展示成套的服装，可以用 set of 关键词。

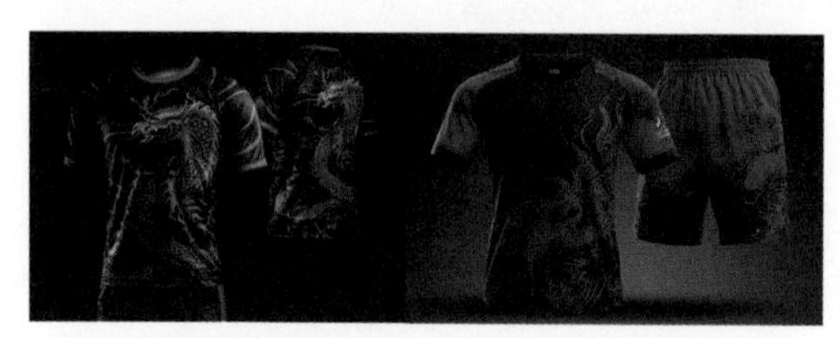

New set of red and black sport uniform, inspired from Chinese dragon --s 1000 --q 2 --ar 16:9 --v 5

white background,product picture,Baseball Jacket design,back view and front view, lion head Embroidered,Contrast long sleeves,Ribbed stand collar & cuffs,green and white --ar 16:9 --s 800 --no model --v 5

white background,product picture Polo Shirts design,many Black gradient dots gradually fade away into red , geometric style. --ar 2:3 --s 800 --no model --v 5

baby onesie design, white background ,product photo, very Cute cartoon bear pattern --ar 2:3 --s 300 --v 5

前沿时尚秀款式造型设计

Mj 在设计前沿的时尚秀服装方面拥有独特的优势，以往的流程中设计师需要先出草样，再进行加工，最后由模特展示，这个过程比较长，而且成本较高。

使用 Mj 可以让设计师发挥天马行空的想象，短时间内就能尝试大量创意，最后从中选择值得投入更多时间和成本的款式。

值得一提的是，大多数普通消费者都看不懂时尚秀里的服装设计，认为这些服装非常怪异，但实际上，是因为这些服装设计走在了潮流前沿，突破了传统理念，并且有独特的设计理念，部分服装设计只是为了表达设计理念而不一定适合实际穿着。此外，时尚秀通常会将服装设计与音乐、舞蹈、灯光等元素相结合，营造出强烈的视觉和听觉冲击力，这也会让观众觉得服装有些怪异。

下面是笔者使用不同的提示语设计出来的较为前沿的服装款式，其中使用的关键描述为巨型花朵服装 Giant flower as a dress、塑料垃圾时尚服装 Plastic waste fashion clothes、由气球制成的服装 A dress made of balloon、颠覆性时尚服装 Subversive stylish costume。

beautiful model wearing one giant flower as a dress, fashion photo,white background , --ar 2:3 --s 600 --v 5

plastic waste fashion clothes , fashion photo,white background , --ar 2:3 --s 600 --v 5

a fashion model wearing a dress made of balloon , fashion photo,white background , --ar 2:3 --s 600 --v 5

Fashion model wearing a subversive stylish costume , white background --ar 2:3 --s 600 --v 5

汉服设计

汉服 Hanfu 作为中国传统文化的重要组成部分，在当代社会得到了越来越多的关注和认可。不仅在日常穿着中，汉服也逐渐成为婚礼、演出等场合的选择。

这种趋势也带动了汉服设计的发展，不断涌现出新的设计理念和风格。新式的汉服设计注重传统文化的表现，同时也注重时尚元素的融入。

设计师们在汉服的版型、颜色、面料等方面进行了创新，让汉服在经典传统的基础上更具时尚感和个性化，以及功能性和舒适性，推动了汉服在现代社会的普及和传承。

目前在汉服设计领域，Mj 的表现还处于概念探索、效果展示的阶段，无法精确控制如衣领 Collar、袖子 Sleeve、腰带 Waistband、裙摆 Ruffle 等位置的效果。

但与其他类服装设计一样，Mj 能够带给设计师无穷无尽的灵感，而且随着 Mj 功能的日渐完善，相信有一天设计师可以直接使用 Mj 设计出精美华丽的汉服。

下面是笔者生成的两组图像，第一组侧重于表现正面，第二组通过添加 back view 来表现背面的效果。

Integrating modern design concepts, the Hanfu maintains the elegance and tradition of Hanfu, but also has the fashion and practicality of modern clothing.shot by canon eos r ,hyper realistic, super detailed --ar 2:3 --v 5 --s 800

full body,full portrait,back view,A light blue Hanfu with a cranes printed on it. The cuffs are embroidered with golden thread flowers, and the hanfu collar is vivid red. shot by canon eos r ,hyper realistic, super detailed --ar 2:3 --v 5 --s 800

Midjourney 设计服装的缺点与解决方法

虽然，使用 Mj 可以设计展示出千变万化的服装图案款式，但却有一个比较大的弊端，即在生成的图像中，服装上的图案无法输出成为平面素材。

例如，对于下面的连帽衫，虽然整体效果看起来不错，但由于无法获得衣服上的图案素材，因此，导致 Mj 在设计服装图案方面的实用性大打折扣。

要解决这个缺点，可以综合使用 Mj 与 Photoshop，基本思路是：先在 Mj 中输入无花纹衣服底图及平面素材图像，然后在 Photoshop 中进行合成，具体的操作步骤如下。

1. 使用提示语 full portrait,a model wearing a gray Hoodie, white background --v 5 --ar 2:3，在 Mj 中生成无花纹的衣服图像，如左下图所示。

2. 使用提示语生成要叠加在衣服上的图案，例如，笔者使用了提示语 Indonesian traditional batik patterns, --ar 2:3 --v 5，生成了一个印度尼西亚传统图案，如右下图所示。

3. 在 Photoshop 中打开衣服的图像，并使用快速选择工具将衣服部分选择出来，注意不要选择手或其他身体部分，如下页左上图所示。

4. 按【Ctrl+J】组合键将选中的部分复制成新图层，然后打开图案图像，将其拖入衣服图像中，按【F7】键，显示“图层”面板，将图案图像所在的图层的混合模式修改为“变暗”，不透明度修改为 50%，得到右下图展示的效果。

5. 在“图层”面板的图案图层上单击鼠标右键，在弹出的快捷菜单中选择“创建剪贴蒙版”命令，如左下图所示，此时可以得到图案叠加到衣服上的效果，如右下图所示。

需要指出的是，这只是一个粗略的效果，如果需要，可以使用调色、调整饱和度等命令对效果进行细化，但作为展示花纹印刷到衣服上以后的预览效果，已经基本够用了。

另外，在第 1 步生成衣服图像时，笔者使用了 gray Hoodie 生成了灰色的衣服，根据需要还可以使用其他的颜色关键词，以便于在第 4 步叠加图案。当然，此时混合模式的选择也需要做相对应的调整，使用“柔光”“叠加”等选项，这需要创作者掌握一定的 Photoshop 基础知识。

使用 Midjourney 辅助设计鞋子

鞋子设计概述

虽然鞋子设计涉及的领域很广，但是除了运动鞋、帆布鞋等少数品类，其他如马丁鞋、商务正装鞋等鞋子的结构相对固定，花纹和图案也不是设计的重点。因此，本节将要讲述的使用 Mj 来辅助鞋子设计，主要围绕运动鞋设计展开。

下面是设计运动鞋时需要在结构方面考虑的几个因素。

◎ 鞋面设计：运动鞋鞋面设计通常采用网状或孔洞式结构，以增加透气性和舒适度，并且还可以提供一定的支撑和保护。

◎ 鞋底设计：鞋底设计决定了鞋子的缓震性能和抓地力，通常采用橡胶或聚氨酯材料制成，以增加耐磨性和防滑性。

◎ 中底设计：中底是运动鞋缓震的重要部分，通常采用聚氨酯泡沫或其他材料制成，以提供缓震和支撑性能。

◎ 鞋垫设计：鞋垫可以提高穿着舒适度和缓震性能，通常采用 EVA 泡沫、记忆棉或其他材料制成。

◎ 鞋带设计：鞋带可以调节鞋子的松紧度和稳定性，通常采用尼龙或棉绳制成。

◎ 鞋身设计：鞋身可以提供足部支撑和保护，通常采用各种材料制成，如皮革、合成材料、网布等。

◎ 其他设计：运动鞋还可以设计其他功能，如防水、防滑、透气等。

常见的不同鞋子关键词

为了正确描述鞋子的类型，创作者需要了解以下不同鞋子的关键词。

运动鞋 Sports shoes、高跟鞋 High heels、皮鞋 Leather shoes、凉鞋 Sandals、靴子 Boots、休闲鞋 Casual shoes、帆布鞋 Canvas shoes、拖鞋 Slippers、船鞋 Boat shoes、雨鞋 Rain boots、军鞋 Army boots、洞洞鞋 Hole shoes、椰子运动鞋 Yeezy Foam shoes、牛津商务休闲鞋 Oxfords Classic Casual Dress Shoes、马丁靴 Dr. Martens shoes、发光鞋 Light-up shoes

常见的不同鞋子部位关键词

为了正确描述鞋子的部位及构件，创作者需要了解以下关键词。

鞋面 Upper、鞋头 Toe、鞋舌 Tongue、鞋垫 Insole、鞋底 Outsole/Sole、中底 Midsole、鞋眼孔 Eyelets、鞋带 Lace、鞋跟 Heel、鞋盒 Box

常见的不同鞋子结构设计关键词

不同的鞋子有不同的结构设计，下面是可以用于鞋子结构设计的一些关键词。

运动鞋 Sneakers/Sports shoes，透气网状鞋面 breathable mesh upper、缓震鞋底 cushioned sole、弧形设计的鞋跟 arched heel。

高跟鞋 High heels，尖头鞋头 pointed toe、细高跟鞋 stiletto heel、鞋面材质 various materials。

靴子 Boots，高筒靴 high boots/over-the-knee boots、短靴 ankle boots、防水材质 waterproof materials、拉链或扣子 fastening with zipper/buckle。

滑板鞋 Skate shoes，圆头鞋头 round toe、防滑鞋底 grippy sole、舌头鞋舌 padded tongue、鞋面材质 suede or canvas。

人字拖 Flip-flops/thongs，Y 形鞋带 Y-shaped straps、简单的鞋面设计 simple upper design、柔软的鞋底 soft sole。

马丁靴 Dr. Martens，厚实的鞋底 thick sole、八个鞋眼 eight eyelets、经典的缝线设计 classic stitching design。

乐福鞋 Loafers，极简鞋头设计 simple toe design、无鞋带 no laces、平底设计 flat sole。

经典运动鞋 Classic sneakers，经典的鞋头设计 classic toe design、简单的鞋身设计 simple upper design、耐磨鞋底 durable sole。

拉链靴 Zipper boots，便捷的拉链设计 convenient zipper design、多样的鞋面材质 various upper materials、平跟 flat heel。

凉鞋 Sandals，简单的鞋面设计 simple upper design、露出脚趾的设计 open-toe design、可调节的鞋带 adjustable straps。

为鞋子设计图案

帆布鞋、运动鞋等鞋子通常都会印有漂亮的图案，可以使用 Mj 来探索不同的图案印刷在鞋子上时的效果。

撰写提示语时，先定义鞋子的类型，再描述图案及样式风格。下面是笔者使用狮子 lion、流行艺术复古漫画风格 pop art retro comic style、黑白棋盘 Black White Checkerboard 关键词生成的鞋子效果图。

white background, product picture, Vans shoes design, Low Platform Slip On shoes, lion, pop art retro comic style --ar 3:2 --s 800 --v 5

white background,product picture ,Vans shoes design,Low Platform Slip On shoes,Black White Checkerboard --ar 3:2 --s 800 --v 5

使用 Midjourney 设计鞋子的结构

运动鞋的款式虽然很多，但描述方法大同小异，首先描述鞋面、鞋帮，再描述鞋底，最后添加设计思路。

例如，下面的提示语描述的是运动鞋，鞋面采用轻盈透气的网眼设计 The upper of the shoe is designed with a lightweight and breathable mesh，而鞋底则采用耐用的橡胶材料 the sole is made of durable rubber material，特点是交错的孔状缓冲结构 It features a staggered hole-like cushioning structure，以蓝色和白色为主色调 in blue and white color。

shoes design ,product picture,white background,The upper of the shoe is designed with a lightweight and breathable mesh, while the sole is made of durable rubber material. It features a staggered hole-like cushioning structure, in blue and white color --ar 3:2 --s 500 --v 5

下面的提示语描述的是椰子鞋运动鞋，整体结构是一体成型 A one-piece molded Yeezy Foam sports shoe design，孔洞式结构 porous structure，以黑色和红色为主色调 black and red，设计灵感来源于外星飞船 inspired by the alien spaceship。

A one-piece molded Yeezy Foam sports shoe design, white background, product image, inspired by the alien spaceship, porous structure, black and red --ar 3:2 --s 1000 --v 5

下面的提示语描述的是一款有夜光灯 light-up shoes 效果的运动鞋，鞋面采用轻盈透气的蕾丝设计 breathable lace pattern on the upper，有花朵造型 shape of flowers，而鞋底则采用白色透明塑料且有 LED 灯 white translucent plastic sole with shiny circle LED lights，有优雅且复杂的设计 elegant decorative design, highly detailed。

light-up shoes design,product image, breathable lace pattern on the upper, shape of flowers, and a white translucent plastic sole with shiny circle LED lights, pink color. elegant decorative design, highly detailed --ar 3:2 --s 600 --v 5

下面的提示语描述的是一款有微雕效果的 miniature art style 运动鞋，鞋面是龙的造型设计 dragon-shaped Upper，鞋底雕刻着龙的图案 a thick sole carved with a complete dragon pattern，有优雅且复杂的设计 elegant decorative design, highly detailed。

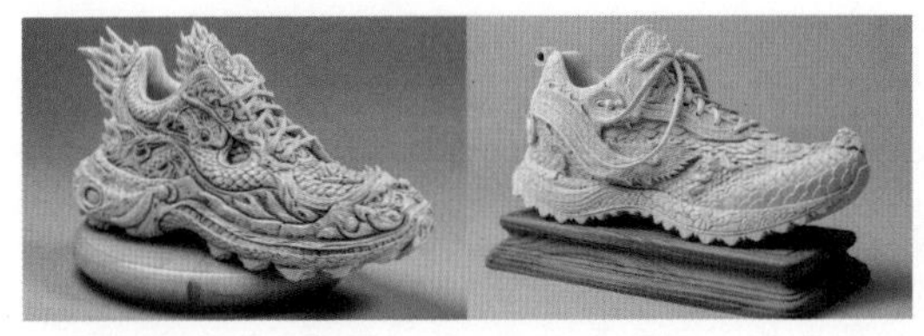

white background, product image,Sports shoe design, miniature art style, dragon-shaped Upper, with a thick sole carved with a complete dragon pattern, elegant decorative design, highly detailed --ar 3:2 --s 600 --v 5

使用 Midjourney 设计箱包、服装、鞋袜的通用商业思路

虽然，Mj 进入国内箱包、服装、鞋袜设计领域的时间很短，但已经有了成功的商业案例。

有网友在小红书 App 上发布了一款使用 AI 设计的小绿裙，如左下图所示。

虽然图片是插画风格，裙子也并非实物展示，但其款式仍然获得了许多网友的认可。

商家根据网友对于小绿裙的反馈及建议，快速推出了相关产品，并通过小红书将潜在用户引流到电商平台，立即产生了动销，如中图及右图所示。

这一成功的商业落地案例，充分证明了 Mj 在箱包、服装、鞋袜设计领域的商业价值。

通过媒体展示，吸引感兴趣的用户，并根据用户反馈调整设计方案，最终通过电商或私域成交，这一完整的闭环是完全可复制的。当然，这里也存在后端供应链必须强大，且由于所有设计方案在媒体平台上公开透明，存在跟风甚至抄袭等诸多问题。

第 8 章 Midjourney 在 26 个设计领域的应用

毛线编织手工艺品设计

近年来，以杯垫为代表的毛线编织手工艺品一直在电商网站上热销，这种手工艺品通常使用不同颜色和纹理的毛线编织成图案或几何形状，可用在家居装饰中，如放在沙发、床或椅子上，也可以用于办公室或车内座椅的装饰。

可以使用毛线手工编织花边图案 Yarn handmade lace weaving pattern、羊毛材质 Wool material 关键词，来设计此类手工艺品的图案。

在此关键词的前面添加形状或图案定义词，如花朵造型 Flower shaped、曼陀罗图案 Mandala Pattern、心形外框 Heart shaped frame、圆形 Circular shaped 等。

flower shaped yarn handmade lace weaving pattern, white background, rococo style, pastel colors, Wool material, hyper ultra realistic, hyper detailed --v 4 --s 750

Mandala pattern,yarn handmade lace weaving pattern, white background, rococo style, pastel colors, Wool material, hyper ultra realistic, hyper detailed --s 750

heart shaped frame yarn handmade lace weaving pattern, white background, rococo style, pastel colors, Wool material, hyper ultra realistic, hyper detailed --v 4 --s 750

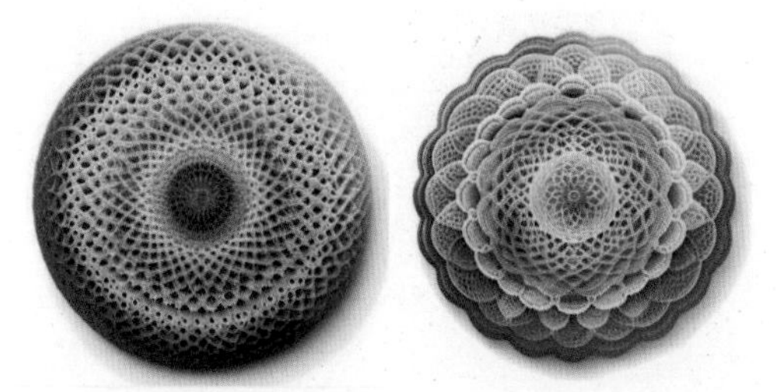

Circular shaped, yarn handmade lace weaving pattern, rainbow colors, white background,Wool material, hyper ultra realistic --s 750 --v 4

手机壳设计

手机壳设计流程

手机壳是一个典型的小产品、大市场的品类，无论是生产通用的手机壳，还是生产个性化、定制化的手机壳，均可以获得不错的收益。

手机的设计及工艺的一般流程如下。

◎ 创意和概念设计：根据市场调查结果，开始进行创意和概念的设计，包括设计主题、颜色搭配、图案和排版等。

◎ 材料选择：根据设计的要求和市场需求，选择适合的材料，如硅胶、PC、TPU、ABS 等。

◎ 设计文件的准备：将设计文件转化为可供生产使用的格式，如 AI、EPS、PDF 等，以便生产厂家进行生产。

◎ 手机壳模具制作：根据设计文件，制作手机壳的模具，包括单色和多色的模具。

◎ 印刷或热转印：将设计好的图案、文字等印刷到手机壳上，或者通过热转印技术将图案转移至手机壳表面。

◎ CNC 切割或者注塑成型：将手机壳进行 CNC 切割或者注塑成型，形成最终的手机壳外形。

◎ 涂层：将手机壳进行涂层处理，提高其抗磨损、防刮花等性能。

在手机壳表面处理方面，可能会应用以下几种方式。

◎ 雕刻和喷砂：对手机壳表面进行雕刻或喷砂处理，使其形成凹凸不平、磨砂或者纹理效果。

◎ 电镀和 UV 涂层：对手机壳进行电镀或者 UV 涂层处理，使其呈现出金属光泽或者珠光效果。

◎ 热压和热成型：通过热压或热成型技术，将不同的材料或者颜色进行组合，形成具有多种材质或多色效果的手机壳。

◎ 激光刻字：在手机壳表面进行文字、图案等刻字处理，形成独特的个性化手机壳。

使用 Midjourney 创意设计手机壳

要使用 Mj 创意设计手机壳，可以在撰写提示语时加入 Case for 手机型号，例如为 iPhone 14 pro max 设计的手机壳，可以写为 Case for iPhone 14 pro max phone，或者以 phone case design 为关键词，如 iPhone 14 pro max phone case design。

需要注意的是，Mj 仅能够识别主流手机型号 。

在撰写提示语时，可以使用以下关键词定义手机壳的材质：塑料 Plastic、硅胶 Silicone、TPU 热塑性聚氨酯、金属 Metal、皮革 Leather、木材 Wood、碳纤维 Carbon Fiber、玻璃 Glass。

下面是笔者分别生成的不同材质、图案、造型的手机壳设计方案。

white background,Luxury Wallet Leather Case for iPhone 14 Pro Max, Elegant checkered texture --ar 2:3 --v 5

white background, gray Silicone Case for iPhone 14 pro max phone,the love of goddess in illustrations with vivid color --ar 2:3 --s 500 --v 5

white background, brown colour leather Case for iPhone 14 pro max phone, very Shallow carving Picasso style flower --ar 2:3 --s 800 --v 5

white background, leather Case for iPhone 14 pro max phone, Shallow carving Minimalist style flower --ar 2:3 --s 800 --v 5

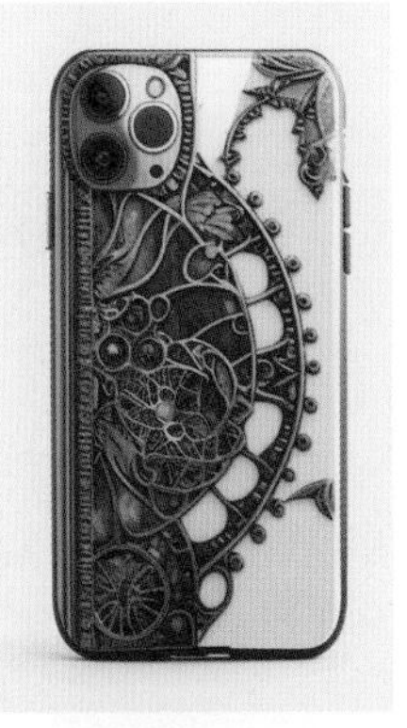

white background,intricate gold leaf steampunk iPhone 14 pro max phone, stained glass, indian bridal jewelry style --ar 2:3 --s 800 --v 4

iPhone 14 pro max phone case design,white background, contour line of a girl standing on water ripple, long hair, Buddha face, dressed in traditional Hanfu, lotus flowers floating around --ar 2:3 --s 800 --v 5

贴纸设计

贴纸设计是指将图案、文字或其他元素印刷在黏性纸张上，用于装饰各种物品，如手机、计算机、水杯、笔记本等，为它们增添色彩和趣味性。贴纸设计的制作可以采用手绘或数码绘图的方式，并结合印刷技术制成贴纸，其中最重要的一环——图案设计，目前已经可以使用 Mj 来完成。

设计时在提示语中添加 sticker design 贴纸设计关键词，然后对图像进行描述。

sticker design,cute panda wearing sunglasses on the beach ,white background --ar 16:9 --s 500 --v 4

sticker design,A pregnant and adorable girl ,white background ,Surrounding blank --ar 16:9 --v 4

cute wear glasses Fish, sticker design, Bright Colors, Contour, Vector, White Background, Detailed --ar 16:9 --s 250 --v 5

knolling cut animal,sticker design, white background --v 5 --q 2 --s 600

包装设计

包装设计的范畴

包装设计是将产品装入特定的包装容器中，然后通过包装的形式、材料、结构、图案、文字等多种因素的有机结合，以在外部环境中展示和运输产品，并实现宣传和推广产品的目的的过程。大致可以分为以下 3 个方面。

◎ 包装造型设计，也称外形设计，是指包装容器的形状设计。它根据包装的功能和美学原则，通过形状、颜色和其他因素的变化来塑造包装容器的外观。包装容器必须能够可靠地保护产品，同时也必须具有美感，并且在制造经济成本上是合理可控的。

◎ 包装结构设计，是指从科学原理出发，根据包装各部分结构的要求，采用不同的材料和成型方式，对包装的外形结构和内部结构所进行的设计。

◎ 包装装饰设计是指综合运用精美的图形、新颖的形式、鲜艳的色彩、醒目的文字等来装饰和美化产品，突出产品特色，唤起消费者的购买欲望，促进销售。

结合 Mj 的特点，创作者可以尝试使用 Mj 来执行包装造型及包装装饰设计，此外，还可以使用 Mj 来生成包装展示场景图。

使用 Midjourney 设计包装造型

包装造型设计要考虑实用性、独特性、美观性、创新性及成本可控等多种因素，在此基础上，可以使用 Mj 进行天马行空的创意。例如，左下图所示为塔状酸奶包装 Pagoda-shaped packaging，右下图所示为有流畅的螺旋锥体外形的香水瓶 smooth spiral cone-shaped packaging design。

yogurt packaging Design,Pagoda-shaped packaging, strawberry flavor.white background --v 5.1

A perfume bottle made of glass,smooth spiral cone-shaped packaging design. white background --v 5.1

使用 Midjourney 进行包装装饰设计

使用 Mj 进行包装装饰设计的基本流程如下。

1. 使用 Mj 根据关键词生成包装效果图。

2. 根据选定的效果图，重新在后期软件中制作包装装饰平面图。

3. 或者在三维软件中使用第 2 步绘制的平面图渲染生成三维立体场景图，或者按下一小节讲述的方法，生成包装展示场景图，然后在后期软件中将第 2 步绘制的平面图贴在场景图的包装上。

使用 Mj 设计包装时，不仅可以多次重复一组提示语，以生成不同效果的方案，也可以从一个方案开始，通过使用本书第 2 章讲解过的 remix 命令对包装设计方案进行微调，得到多款可供参考的方案。例如，针对一款水果饮料，笔者得到了以下 4 个方案。

Bottled juice packaging design,colorful brand , modern .white background,product image --v 5.1 --s 500

其中最右侧的 4 号方案值得进行微调，因此，在 remix 模式下，单击 V4 按钮后，在弹出的对话框中添加 abstract style 关键词，得到以下 4 个风格上稍微抽象一些的方案。

再次单击 V4 按钮后，在弹出的对话框中添加 Abstract gradient pink purple and blue line 关键词，可以得到以下 4 种风格上更抽象一些的方案。

使用 Midjourney 设计包装展示场景

Mj 具有强大的照片质感图像生成功能，可以生成接近实拍效果的包装展示场景照片。获得这些照片后，可以在后期软件中融合设计好的包装标签图。

perfume bottle surrounded by flowers, Advertising photography, studio lighting, close up --v 5

a bottle of essential oil sat on a piece of round stone, in the style of flora borsi, golden hues,black background ,side lighting --s 750 --v 5.1

使用 Mj 设计包装展示场景的优点不仅在于效率高、效果多变，而且还可以验证、优化摄影师的拍摄方案。例如，要为一款中式古典香水设计拍摄方案，创作者可以先将拍摄方案中的关键要素提交给 Mj，由 Mj 生成若干款方案，再从中选择或综合优化。

下面的 12 个方案是笔者以“中国宫廷式香水、珍珠首饰、近景、芙蓉、淡雅、神秘”为关键词生成的效果，仅用了几分钟，但只要用心选择并优化，是不难从中找到可以执行的拍摄方案的。

Chinese palace style perfume, Chinese style pearl jewelry, close shot, hibiscus, elegant, mysterious, in the style of flora borsi, drak background --v 5.1

贺卡、邀请卡、VIP 卡设计

在设计领域中，贺卡、邀请卡、VIP 卡等设计任务十分常见，可以使用 Mj 设计这些卡。

在撰写提示语时，要注意加入以下相对应的关键词。

贺年卡 New year card、VIP 卡 VIP card 、婚礼邀请卡 Wedding invitation card 、商务邀请卡 Business invitation card 、会员卡 Membership card 、礼品卡 Gift card 、充值卡 Recharge card 、餐饮卡 Meal card 、门禁卡 Access card 、名片 Business card

New year card design, layout, white paper, gold, bright, simple modern, embossing zurich city, luxury, new year

wedding invitation card design, template in white that has embossed flower image, with pearls

minimal Wedding card design --v 4

business card design , front and back concept ,white card, luxury style --v 4

盲盒公仔造型设计

最近几年盲盒公仔的销售异常火爆，根据此领域的头部生产商泡泡玛特 IPO 招股书及泡泡玛特 2020 年财报显示，2019 年泡泡玛特 Molly 潮玩 IP 公仔卖出了 4.56 亿元，若以单价 70 元估算，大约卖出了 500 多万个。2020 年，泡泡玛特营收达到 25.1 亿元，同比增长 49.3%。

与此同时，各大企业也纷纷开始开发属于自己品牌的 IP 形象，由此衍生出了当前火爆的 IP 形象公仔设计领域。

这个领域的常见设计流程是，设计师根据 IP 形象使用矢量绘制软件绘制公仔的平面形象，待品牌方认可后，使用三维软件制作三维立体的公仔进行展示，最后再交由工厂打样、批量生产。

但随着 Mj 在设计领域的快速崛起，前面的两个流程有逐渐被 Mj 取代的趋势，因为使用 Mj 可以直接生成渲染效果真实的三维立体公仔图像，而且在创意生成方面效率非常高。

在撰写相关提示语时，注意添加泡泡玛特风格 pop mart style、 黏土材质 clay material、可爱潮流玩具 Cute Special Trend toys 等关键词。

但由于 Mj 在控制模型的精确度方面尚需改进，因此仍然需要配合其他软件使用。

下面是两个具体示例的提示语。

white background,product picture, pop mart style, Son Goku as Bruce Lee, Dress with a dragon motif, fluffy red hair, Military boots, VR glasses, dynamic pose, fighting pose, --ar 2:3 --s 800 --v 5

Dress with a dragon motif, fluffy red hair, Military boots, VR glasses, dynamic pose,fighting pose 服装有龙纹图案、蓬松的红色头发、军靴、VR 眼镜、动感的姿势、战斗姿势

white background,pop mart style, blind box, 3D rendering,clay material, full body, A cute girl with dragon horns on her head, wearing flowing hanfu, sweet smile, shiny snow white hair, big bright blue eyes --ar 2:3 --s 300 --v 4

A cute girl with dragon horns on her head, wearing flowing hanfu, sweet smile, shiny snow white hair, big bright blue eyes 一个长着龙角的可爱女孩，穿着飘逸的汉服，露出甜美的微笑，闪闪发亮的雪白头发，大而明亮的蓝色眼睛

冰箱贴设计

冰箱贴是文创领域中的一个重要品类，通常采用透明塑料或金属材质制成，其设计风格既可以是可爱的动物、漫画人物、城市风景等，也可以是文化元素、名画、古建筑等。

因为冰箱贴不仅有纪念意义，而且价格较低，因此深受消费者的喜爱，知名博物馆、文化遗产保护机构、旅游景区都会推出属于自己的冰箱贴系列产品，以推广文化知识，获得经济收益。

使用 Mj 可以轻松地设计出各类不同造型、材质、图案的冰箱贴，在撰写提示语时，可以添加三维圆形冰箱贴 3D round fridge magnet、 不规则边缘三维冰箱贴 Irregular edge 3D fridge magnet、透明树脂冰箱贴 Transparent plastic fridge magnet、拉丝不锈钢冰箱贴 Brushed stainless steel fridge magnet 等关键词。

下面是笔者为故宫 Forbidden City 设计的不同材质与造型的冰箱贴及对应的提示语。

white background,product picture , chrome fridge magnet design，traditional Chinese cloud frame,Forbidden City in the middle. --s 800 --v 5

white background,product picture , Brushed stainless steel fridge magnet Carved with the shape of the Forbidden City --s 800 --v 5

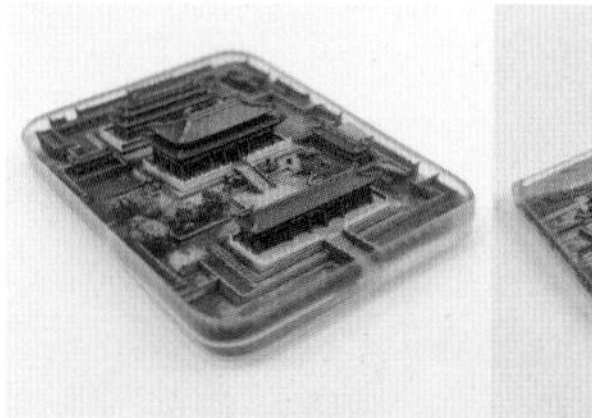
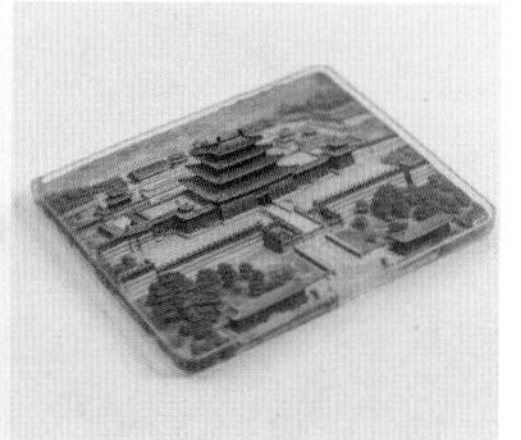

transparent plastic shaped fridge magnet of forbidden city --s 800 --v 5

A glass 3D round fridge magnet with sculpted Forbidden City --s 800 --v 5

A 3D round fridge magnet with sculpted Forbidden City --s 800 --v 5

A irregular edge 3D fridge magnet of forbidden city --s 800 --v 5

剪纸造型设计

剪纸作为第一批国家级非物质文化遗产，历来是重要节庆活动的重要装饰元素。在我国，剪纸已经有超过 1500 年的历史。

千百年来，剪纸的制作工艺并没有太多变化，但随着现代技术的发展，剪纸艺术已经逐渐走向数字化。许多剪纸艺术家开始使用计算机软件进行剪纸设计和制作，这不仅丰富了剪纸的造型，也使个性化定制成为可能。

目前在淘宝等电商平台上，不乏专门定制加工各类剪纸艺术品的店铺。

要使用 Mj 设计制作剪纸图案，只需要注意使用 Paper cut 关键词即可，然后描述要生成的剪纸形状及颜色即可。

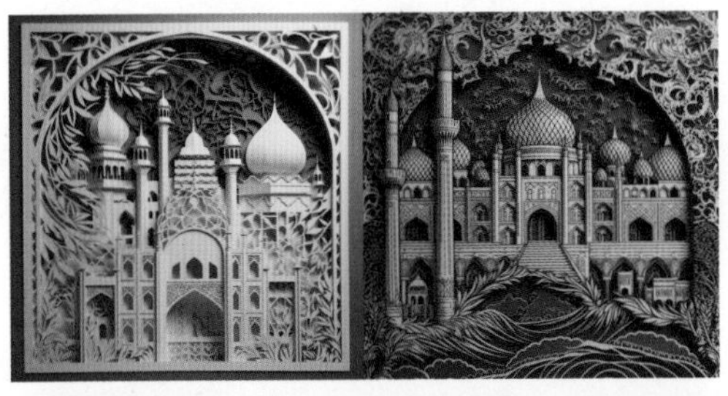

moon night and wolf, paper cut, simple, multi layered --v 5 --s 500

islamic art, paper cut, mosque --v 5 --s 500

Wedding paper cut --v 4

Wedding and love,paper cut --v 4

使用这个关键词，除了可以生成单层或多层的剪纸图案，还可以设计更复杂的剪纸手工艺品，此时需要使用关键词 Paper cut craft。

玩具造型设计

使用 Mj 可以获得外形复杂的朋克类或乐高拼图类玩具的创意设计灵感，例如，左下图为笔者使用设计的朋克类蜘蛛外形拼装玩具，右下图为乐高拼装类玩具龙。当然，需要指出的是，乐高类玩具通常有专业的设计软件，因此使用 Mj 更多是为了获得更广泛的创意灵感。

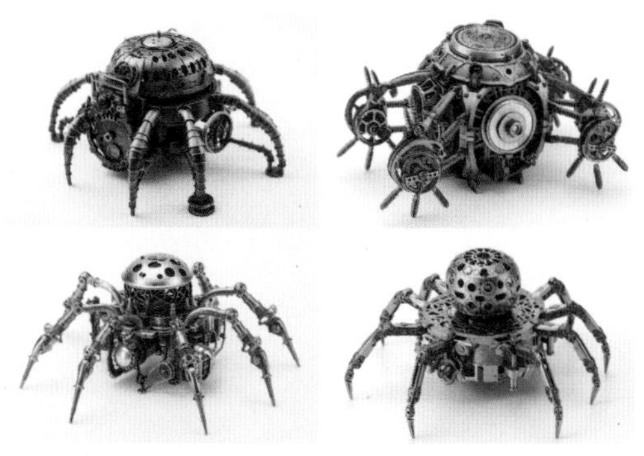

toy design,Steampunk style,white background ,product image ,Metal Puzzle Spider with Speaker --ar 3:2 --v 5

toy design,LEGO style,white background ,product image ,Puzzle chinese dragon --ar 3:2 --v 5

卡通头像设计

社交软件头像是用户在社交网络平台上的形象代表，也是与他人建立联系的第一印象。一个独特、有吸引力的头像可以吸引他人的注意，促进社交关系的建立。使用 Mj 可以为自己设计出独一无二的卡通效果头像，这种卡通风格的头像目前在社交软件中非常流行。

设计方法是先上传自己的头像，再使用本书第 2 章讲解过的以图生图的方法来制作，例如左图为笔者上传的头像，中间为 3D 效果卡通头像，右图为插画风格卡通头像。

https://s.Mj.run/0Ifi3zuX_Ow super cute girl IP in popmart style,white background,3D render --ar 2:3 --v 5

https://s.Mj.run/0Ifi3zuX_Ow super cute girl IP design,white background, cartoon style --ar 2:3 --niji 5

Logo 设计

Logo 设计实际上并不是一件容易的事，整体流程涉及对品牌的核心价值、目标受众、文化特点要点的把握，还要在视觉表现上兼具原创性、易于记忆、美观、简洁、识别性强等特点。

从笔者的实践来看，几乎无法使用 Mj 直接设计出可以使用的 Logo，因为，许多 Logo 都是品牌名称缩写的变体。

而 Mj 在处理文本方面有明显的缺陷，无法生成完整可读的文本，更不可能生成具有艺术感且容易辨识的艺术文本，但这并意味着 Mj 在设计 Logo 方面没有帮助。

因为，许多 Logo 还有图形要素，而处理图像正是 Mj 的强项，因此如果要设计的 Logo 是完全的文本风格，则可以放弃使用Mj 设计 Logo 的打算，但如果 Logo 的设计方案中可以出现图形，则可以先使用 Mj 生成有创意的图形，再由人工设计文本部分，最后将两个部分结合起来，形成一个完整的 Logo。

例如，左下图设计的是一个毕加索风格、以极简线条绘制的龙形 Logo，右下图设计的是一个由红色到黄色渐变、龙形环绕地球圆形的 Logo。

logo design,flat vector,front view,chinese dragon head, Cubism,Picasso style,minimal line style, --v 5

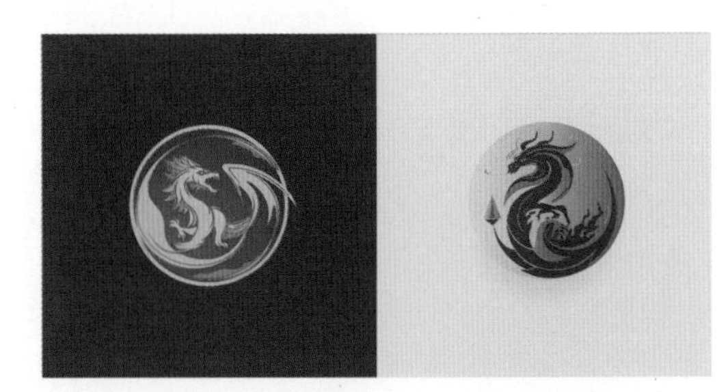

logo design,flat vector,circle outline, red to yellow gradient, dragon wrapped around earth,minimal style --v 5

左下图设计的是一个动物园的熊猫冰激凌 Logo，右下图设计的是一个射箭在线商店的 Logo。

logo design for an Panda ice cream brand, simple, vector, Psychedelic Art,vector, minimal line style --v 5

Etsy shop logo design, inspired by Classic Fantasy, bow and arrow, from software, Impressionism, vector --v 5

徽标设计

许多人容易混淆徽标 Badge 设计和 Logo 设计，其实这是两个不同的概念。

Logo 是指一种具有象征性、代表性的图形，是企业或组织的标志，而徽标一般是指团队或个人的标志，更多地强调了一种印章式的形式感，是一种标志的简化形式，常被用作网站、社交媒体等场合的头像或标志。

在 Mj 中可使用关键词 Badges design 设计出漂亮的徽标，在提示语中还需要加入主题、材质、造型、颜色等描述。

outdoor badges design monterrey Mexico --v 4

Badges design , silver outline,Three golden tigers in the center, Shiny metallic --v 5

Badges design, luxury, crown shape,polygon shape, Overwatch style, sci-fi style, golden and red --v 5

Badges design, mothman silhouette in shades of blue and white, set against a circular background with a blue and gold border

除了使用关键词 Badges design，还可以使用同义的 Emblem design 关键词，左下图是以鹰为主题的徽标设计，右下图为摩托车俱乐部的徽标设计。

emblem design,eagle, vector,fashion,in 2300s --v 5

Emblem design, motorcycle club ,speed,side view , illustration, vector,hope,happy --no dark --v 5

价目表设计

利用 Mj 可以轻松制作出各类店铺价目表，在设计提示语时，可以用 --ar 来控制生成图像的比例，以得到折页或三折页。利用风格类关键词控制总体风格，利用颜色类关键词控制主色调及配色。

得到图像后，将图像导入平面软件或 Photoshop 中，去除图像中的文字和列表线条，按价目数量重新绘制线条，并输入价格数字即可。

设计时要注意在提示语中添加价格表设计 Price list design 关键词，在此关键词的前面添加类型，如咖啡店 Coffee shop、花店 Flower shop、面包与蛋糕 Bread and cake 等。

Coffee shop price list design draft with gorgeous external European border, graphic design work, 2D design, made with illustrator, printable, coffee background color, hand-painted style pattern --ar 16:9 --s 750 --v 5

Flower shop price list, graphic design, 2D, hyper detailed, behance, artstation, dribbble --ar 16:9 --q 2 --s 250 --v 5

Bread and cake price list design,Surrounding blank, rococo style,graphic design, hyper detailed, behance, artstion, dribbble, Light brown and red color --ar 16:9 --v 4 --s 150 --q 2

电影海报设计

电影海报设计概述

2023 年 4 月，导演陆川在接受采访时，谈到了使用 Mj 类 AI 生成软件来制作电影海报的感受。他的原话是："坦率说，AI 用 15 秒出来的效果，比我找专业海报公司做一个月后给过来的那张要强大很多。我本来想把这两张一并发朋友圈，后来想算了，得罪人。"从这段话里不难看出，一个成功导演对于 AI 技术的肯定。

此外，2023 年 3 月 22 日，动画电影《去你的岛》发布的电影海报也是由 AI 生成的，其中使用了 Mj、Stable Diffusion，以及最新发行的 GPT4 模型。

设计一张成功的电影海报并不是一件容易的事，至少要考虑以下几个要点。

◎ 主题：海报需要准确地传达电影的主题和情感，吸引观众的注意力并让他们对电影产生兴趣。

◎ 形式美学：海报需要通过排版、配色和图形元素等美学手段来吸引观众，并传达电影的情感和氛围。

◎ 视觉吸引力：海报需要有强烈的视觉冲击力，吸引观众的目光，让他们对海报和电影感到好奇。

◎ 电影名称：海报需要有简洁明了且有吸引的电影名称，有时甚至所有设计都是围绕着电影名称展开的。

◎ 演员阵容：海报需要展示电影中的演员阵容，以吸引他们的粉丝和影迷。

◎ 发行信息：海报需要包含电影的发行信息，如上映日期、制片公司和发行商等。

因此，要设计一张好的电影海报，很多设计师的工作流程都以月为单位。在这个流程中，设计师的主要精力花费在了电影海报的概念设计方面，设计师往往需要设计出数款甚至数十款电影海报的草稿，与甲方反复沟通，而这一切随着 Mj 的出现而变得简单。

设计师只需要给出创意，海报的草稿由 Mj 自动生成，一天的时间就能制作出数十个概念稿，极大地提高了海报设计的效率。

设计师甚至能够为不同的媒体平台定制不同的海报，下面展示的是网络平台使用电影海报生成的视频封面，这与电影在上映时出现在地铁、站台等灯箱中的电影海报截然不同。

电影海报设计方法

需要特别指出的是，由于 Mj 对于精确再现文本描述仍有较远距离，加之无法精确处理文本，因此使用 Mj 设计电影海报仅限于大量出概念草稿，以拓展设计师的思路，目前仍无法精确地形成方案。

要使用 Mj 设计制作电影海报，需要注意使用电影海报设计 movie poster design 关键词。

最简单的方法是在提示语中只写一个电影名称，然后交由 Mj 自主生成，这种方法适合于电影名称体现了电影主题的类型，例如，左下方的超人大战钢铁侠 superman fight ironman，以及右下方的星际战争 unlimited galaxy war。

"superman fight ironman" <u>movie poster design</u> , epic, --ar 2:3 --v 4

"unlimited galaxy war" <u>movie poster design</u> , epic, ,sci-fi scence --ar 2:3

此外，也可以根据需要描述出设计师构想中的海报图像，如左下图描述的是一个持刀的女孩向前冲，在雪天的环境下有花瓣飘落。右下图描述的是有数字叠加在头像上的图像。

"Hua Mu Lan" <u>movie poster design</u>, A pretty chinese girl is charging forward with a sword in hand, Chinese mythological stories. snowy weather with petals falling, tense and dynamic atmosphere. full body,Dynamic pose,the sword shining.photo shot by canon eos R5 --ar 2:3 --s 800 --v 5 --q 2

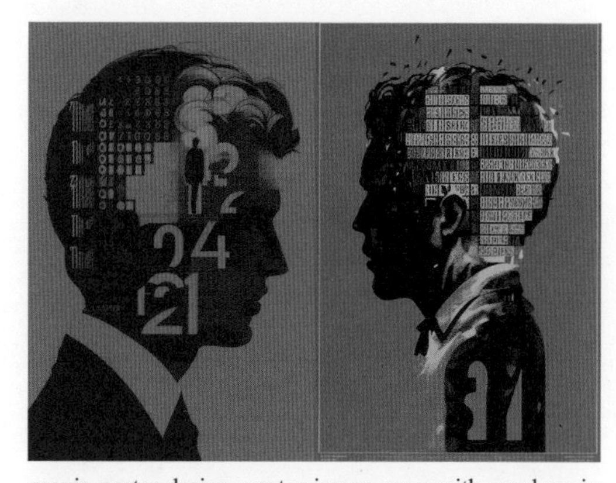

<u>movie poster design</u>, vector image, man with numbers in his brain, stylish, minimalistic --ar 2:3 --v 4

瓷砖纹样设计

瓷砖纹样设计是指将纹样应用于瓷砖上，使其在视觉上更具装饰性和美观性的设计过程。常见的瓷砖纹样设计包括仿古砖纹样、马赛克纹样、花卉纹样、动物纹样、抽象纹样等。

设计时常用 CAD 类软件及常见的图形软件如 Illustrator、CorelDRAW 等，但在这方面 Mj 的出图效率更高，效果也更加复杂、多变。

在撰写相关提示语时，注意添加 title 关键词，并定义纹理的风格或形状、颜色。下面是笔者分别使用葡萄牙 Portugese、几何 Geometrical 、土耳其 Turkish 关键词生成的图案。

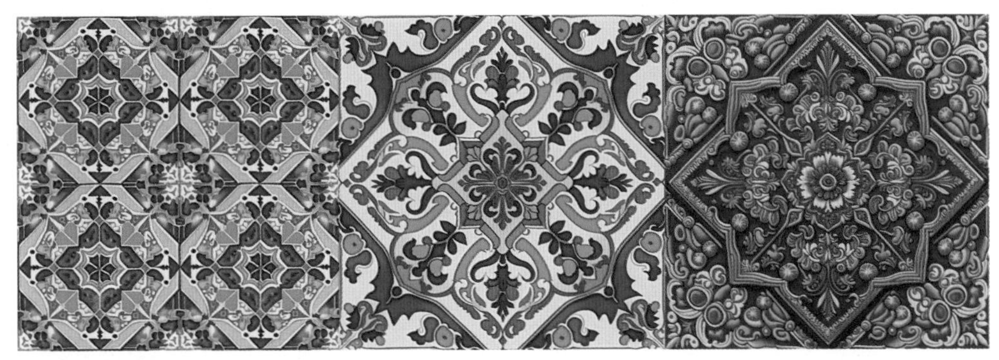

Portugese tile pattern --q 2 --v 4

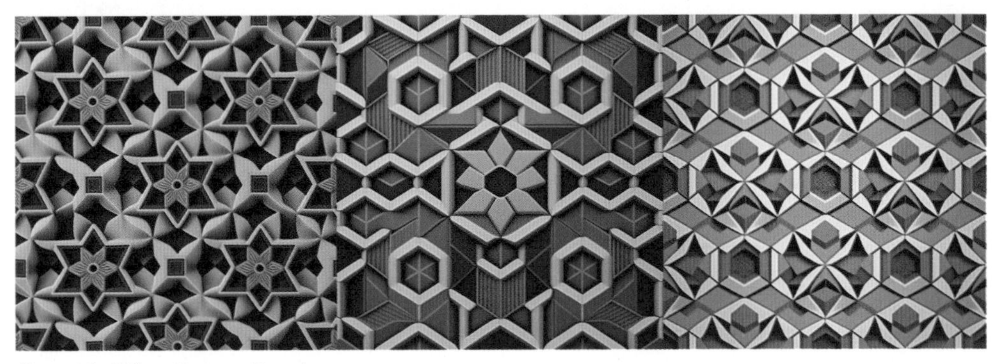

Geometrical tile pattern --q 2 --v 4

Turkish tile pattern --q 2 --v 4

特效文字设计

特效文字设计是指为了让文字更加生动、突出、有趣而采用各种设计手法进行的处理。这些手法包括使用不同的字体、大小、颜色、阴影、描边、渐变、扭曲、变形等，从而使文字在视觉上更加具有吸引力和表现力。

特效文字素材可以应用于海报设计、广告设计、UI 设计、Logo 设计等各个领域。

the letter K, white background . futuristic hacker style --v 4

the letter X, fancy, ornate, white background, 4d --v 4

the letter K, steampunk style, 4k, no shadow, white background --v 4

the letter K, multi dimensional paper cut craft, paper quilling, colorful flowers, ornate --v 4

the letter S, Borderlands, cell shading, cartoon --s 750

roman warrior, the letter S, esport, white background --v 4

the letter S in a bold and heavy serif typeface with beautiful ornate flourishes and embellishments,white background --v 4

the letter S chinese dragons , white background --v 4

the letter X made of crazy fire and ice , white background --v 4

无缝拼贴图案素材设计

什么是无缝拼贴图案

无缝拼贴图案是由一个图像通过平移、旋转或翻转等操作而得到的一组相似或完全相同的图像，这些图像可以拼贴在一起形成一个平铺的无缝图案。

无缝拼贴图案通常需要具备以下几个特点。

◎ 无缝衔接：相邻的图像衔接自然，没有明显的间隙或痕迹。

◎ 可重复：无缝拼贴图案可以重复无限次，形成一个无限大的平铺效果。

◎ 精确匹配：图像元素的颜色、亮度、对比度、纹理等应该相同或相似，以便拼贴出一个完美的图案。

无缝拼贴图案的应用场景

无缝拼贴图案可被用于许多不同的应用场景，分别如下。

◎ 纺织品设计：无缝图案可以用于设计印花纺织品，如衣服、床上用品、窗帘和家居装饰。

◎ 墙纸和壁纸：无缝图案可以用于设计壁纸和墙纸，为室内空间带来独特的视觉效果。

◎ 网页和应用设计：无缝图案可以用于设计网站和应用的背景和纹理，为用户提供更好的视觉体验。

◎ 广告和营销：无缝图案可以用于设计广告和营销材料，如海报、传单和名片，为品牌营销带来独特的视觉效果。

◎ 游戏设计：无缝图案可以用于游戏设计中的纹理和背景，为玩家带来更好的游戏体验。

无缝拼贴图案的生成方法

要生成此类图案，可以在描述词后添加 --tile 参数。

例如，下面的提示语生成的是一种有浮雕效果花呢图案的墙纸无缝拼贴图案。

cream on light blue damask wallpaper, seamless tiled, half drop, embossed --tile --v5

下面是以斐波那契数列 fibonacci sequence 生成的无缝拼贴图案。

flat wallpaper pattern, art deco, fibonacci sequence --tile --v 5

下面是以小猫图案生成的无缝拼贴图案。

cute cat,flat wallpaper pattern,pink --tile --v 5

验证无缝拼贴图案的方法

使用 Mj 生成此类图案后，得到的只是一个图案，如果要验证图案是否具有无缝拼贴效果，可以先将图案下载到本地，然后进入下方的网站。

https://www.pycheung.com/checker/

将保存在本地的图案直接拖至网站页面上，即可看到拼贴效果。

边框素材设计

边框是平面设计中的重要元素，使用 Mj 可以设计出复杂多变的边框。

在设计时需要加入关键词 Border design 或 Border frame design。注意这两者是有区别的，Border design 通常是指一种装饰性的纹样，通常位于文本、图像等的周围。而 Border frame design 通常是指一种框架或边框设计，通常用于围绕整个图像或物品的周围。因此，Border design 通常只是一个装饰性的元素，而 Border frame design 更多的是指一个边框，用于增强框内图像元素的视觉效果。

在下面的两组示例中，第一组以中国传统边框为样式进行设计，第二组以勿忘我花为主题进行设计。

traditional complex chinese Border frame design, vector, pattern, muted tone --v 4 --q 2 --ar 1:2

delicate detailed primrose and forget-me-not flowers Border design, copy space, pastel blue and yellow colour theme, victorian style --ar 8:5 --v 4

剪贴画素材图案设计

剪贴画是指一些简单的插图或图案，通常用于图像设计、文档排版、网站设计等场合，包括各种各样的图像，如图标、矢量图、位图等，剪贴画具有颜色鲜艳、线条简单、构图明确等特点。

在常见的办公软件中，都可以找到与剪贴画有关的命令及素材库。

现在可以使用 Mj 轻松生成不同主题的剪贴画图案，只是在生成后需要进行抠图处理，可以在提示语中添加白底 white background 关键词。

在设计时，注意使用 clipart of …… 关键词，在 of 的后面可以添加素材图案的主题或图像描述，例如左下图以音波为主题，右下图对剪贴图进行了具体描述，即一个扣着太阳帽的小行李箱。

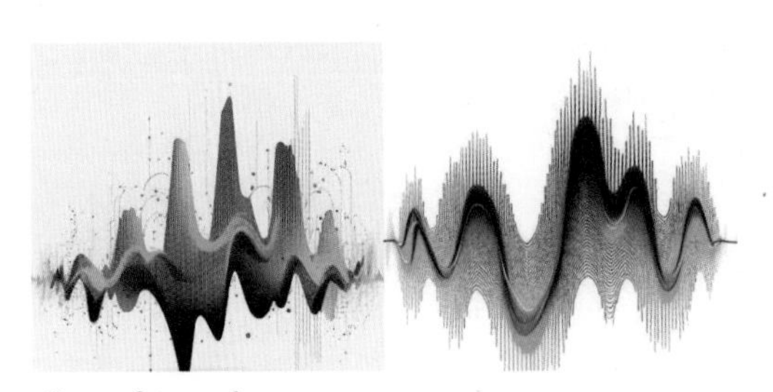

clipart of a sound wave

clipart of suitcase with a pretty sun hat hanging on the side --v 5 --q 2

如果要生成的剪贴图是成组的，即围绕着一个主题生成不同效果的图像，可以尝试使用 set of 关键词，并在其后面添加主题词。例如，左下图生成的是一组水彩婚礼花卉剪贴图案，右下图生成的是一组水彩画风格的森林小动物剪贴图案。

set of watercolor romantic wedding clipart , white background --ar 9:16 --s 500 --v 5

set of watercolor romantic Forest Cute little Animals clipart , white background --ar 9:16 --s 500

地毯图案设计

地毯是室内软装的重要组成要素，具有很高的实用价值和装饰价值。

地毯设计涉及地毯样式、颜色、大小、材质等要素的考量，在这个过程中，图案设计是一个非常重要的环节，通常由设计人员使用专业的纺织类软件，如 NedGraphics、Booria Carpet Designer、Pointcarre 进行设计，这些软件不仅能够设计图案，而且可以与生产流水线对接，直接驱动生产机器。

但由于这些软件往往更关注生产流程，因此在地毯图案的设计个性化、艺术化方面，与 Photoshop、Illustrator、Mj 等专业图像处理软件不可同日而语。

为了弥补这一短板，很多地毯设计人员开始遵循用专业图像生成软件绘制图像，然后将图像导入到专业的纺织类软件中进行提花的工作流程，在这个流程中，Mj 开始扮演着越来越重要的角色。使用 Mj 设计地毯图案时，可以先添加地毯设计 carpet design 关键词，然后描述风格、样式、主题、颜色等信息。

右侧的地毯图案使用了中国传统边框，主题为中国神话故事嫦娥奔月。

左下方的地毯图案使用了波斯传统边框，并以星球大战为主题。

右下方的地毯图案使用了摩洛哥传统边框，并以花朵为主题。

carpet design,chinese traditional frame,The Chinese mythological story "Chang'e Flying to the Moon" theme --ar 2:3 --s 500 --v 4

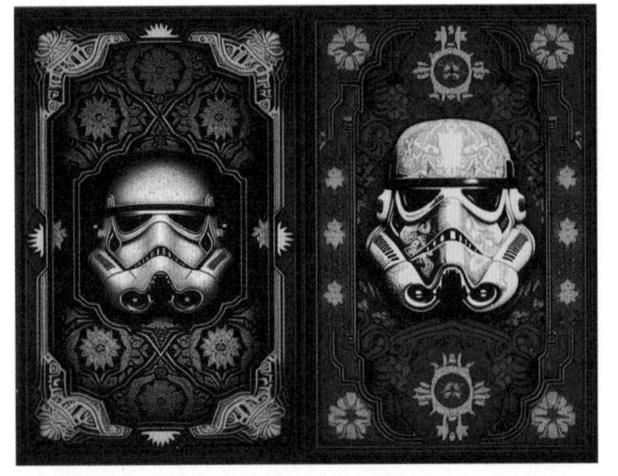

carpet design,Persian traditional frame,star war theme --ar 2:3 --s 500 --v 4

carpet design,moroccan traditional frame, minimal fashion flower theme --ar 2:3 --s 500

床上用品花纹设计

与使用 Mj 设计地毯图案一样，使用 Mj 也可以辅助设计床上四件套的花纹与图案。当前比较流行的床上用品花纹设计思路有以下 3 种。

◎ 花形图案。这是最常见的床上用品纹样，其中又分为能突出美感视觉张力的大花图案和能突出用品精致细腻的小花纹样。

◎ 几何形状或图案。这种花纹强调几何形状的规则和对称性，如三角形、正方形、菱形、梯形等，使床上用品更具现代感和时尚感。这种图案通常与简约风格相结合，成为追求简约、干净的人们选择的流行款式。

◎ 动物图案。这种图案一般描绘动物的形状和特征，通过颜色和线条的搭配，展现出床上用品的活力和趣味性。这种图案尤其受到孩子们的喜爱。

以上花样纹路可以采用印刷或刺绣的工艺形式体现在床上用品上。

在撰写提示语时会用到以下关键词：被子 Comforter、枕套 Pillowcase、床裙 Bed skirt、抱枕套 Sham、被褥 Quilt、床单 Fitted sheet、被褥套装 Comforter Set、床上用品套装 Bedding Sets、俯视 Overhead view。

下面是笔者撰写的 4 组不同风格的床上用品提示语及生成的图像。

chinese forbidden city inspired Bedding Sets --ar 3:2 --v 5

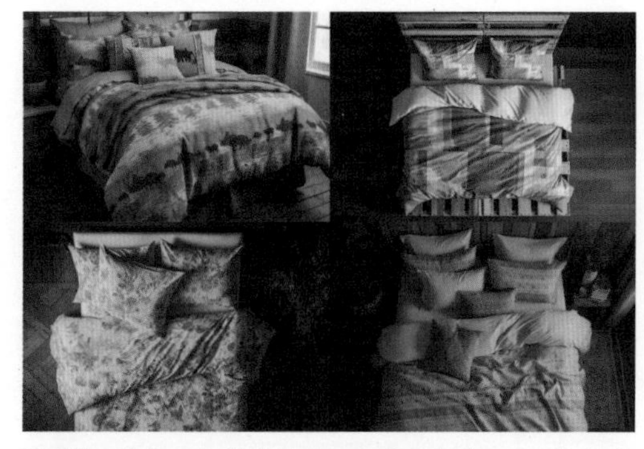

Bedding Sets, product photo,overhead view, rustic style --ar 3:2 --v 5

Bedding Sets, product photo, overhead view, in blue print style --ar 3:2 --v 5

Bedding Sets, product photo,overhead view, Animal sketches in a simple and colorful style --ar 3:2 --v 5

手机用抽象壁纸设计

基本上，在使用 Mj 生成图像时，只要将图像的比例调整为 9:16，那么生成的任何图像均可以作为手机壁纸。因此，可以说 Mj 的出现是对付费下载手机壁纸领域的一大冲击。

与生成具象的壁纸相比，抽象的壁纸能够被更多人选择。下面是笔者创作的两种不同效果的抽象壁纸，在此基础上，可以通过修改颜色关键词，快速制作出大量同类壁纸图像。

Abstract, gradient pink purple and blue soft colorful background. Modern horizontal design --ar 2:3 --v 4

Abstract, gradient gold circle and dot and blue soft colorful background. Modern horizontal and gradient design --ar 2:3 --v 4

abstract, dark blue, neon background, minimalism, glowing --v 4 --ar 16:9

游戏场景概念设计

游戏场景设计通常包括以下几个步骤。

1. 明确游戏类型和玩家需求：在进行场景设计前，首先需要确定游戏的类型和玩家的需求，例如，是一款动作游戏、角色扮演游戏，还是模拟经营游戏等，以确定设计场景的风格和元素。

2. 确定场景主题和氛围：场景主题和氛围是游戏场景的核心，包括场景的背景、地形、建筑、装饰等。

3. 绘制场景概念图：在确定场景主题和氛围后，可以通过手绘或计算机绘图软件绘制场景概念图，以确定场景布局、元素分布和透视关系。

4. 制作场景模型：根据场景概念图，制作游戏场景的 3D 模型或 2D 贴图。

5. 测试和优化：完成场景制作后，需要进行测试和优化，包括场景的性能测试、光照和阴影效果的调整、材质和纹理的优化等。

由于 Mj 具有很强的图像创意生成发散功能，因此在游戏场景的概念设计方面具有原生优势。

创作时要注意使用 V4 版本，因为 V5 版本倾向于让图像中的所有元素都符合现实世界的规范，以得到类似于照片的效果，因此在创意发散度方面比 V4 版本弱。

创作时也没有具体的模式，只需要按照自己的想象对场景进行描述即可。

ruined mysterious alien sci-fi structure, H. R. Giger style entrance in the middle of the jungle, walls covered with technology symbol, cosmic sculptures deeply, realistic, highly detailed, 8k --v 4 --ar 3:2

Dark fantasy, temple on an ancient mine::5, scattered gold and silver jewels on the ground, detailed, aerial view --ar 3:2 --q 2 --v 4

On a huge and empty machine square, there are many huge stone pillars, and different slender dragons are coiled on different stone pillars. There is an eye made of flowers in the sky, and there are flowing fluorescent light in the sky,an epic grand scene , ultra-fine details, hyper-realistic rendering, photorealism, intricate details, natural lighting, precise features, Unreal Engine 5, HDR, wide angel --ar 2:3 --v 4 --s 800 --q 2

UI 设计

UI 设计即用户界面设计 User Interface Design，是指设计师在进行数字化产品如网站、手机 App、小程序等的设计时，所设计的产品界面和交互的过程。UI 设计师需要关注产品的外观设计，以及设计对用户友好的、易于操作的交互方式。UI 设计需要考虑用户体验 User Experience，简称 UX，并结合产品的特性进行设计。一个成功的 UI 设计应该能够让用户体验到愉悦、舒适的视觉效果，同时也要保证产品的易用性和高效性。

传统的 UI 设计流程包括需求调研和分析、原型设计、视觉设计、开发支持、测试和优化等各个环节，使用 Mj 可以在原型设计及视觉设计方面极大地提高设计人员的工作效率。

例如，下面是笔者针对一个手机音乐播放器 App 所设计的界面，左下图为时尚科技风格，中下图为黑白风格，右下图为复古风格。

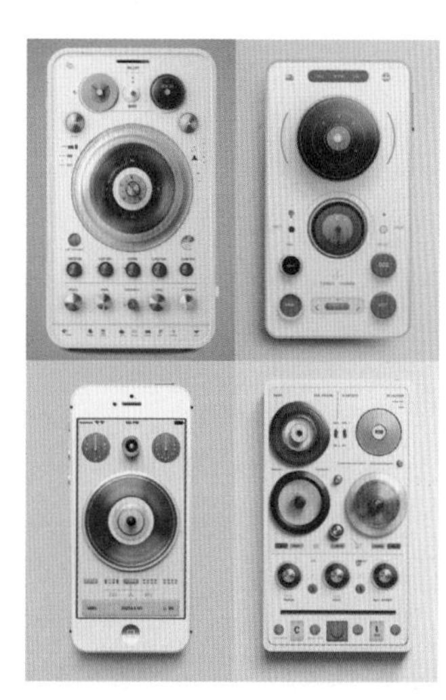

Ui design, fashion, sci-fi style, The user interface of this mobile music player is designed with a record as its main theme, In the center of the screen, a large circle shaped like a record plays the main role . Below the record, there are glass-textured circular control buttons for play/pause, previous track, and next track. There is a slider progress bar to display the progress of the song being played. The color scheme is mainly black and purple, with a gradient of light tones as the background --ar 2:3 --v 5.1 --s 500

在上面的提示语中，笔者先用 fashion,sci-fi style 关键词将整体界面定义为时尚、科技风格，再用大段文字描述了界面的具体形状为：中间是唱片，下面是按钮，最后用 The color scheme is mainly black and purple, with a gradient of light tones as the background 语句，描述了界面的颜色风格与背景风格。

需要指出的是，由于 Mj 目前尚无法精确理解方位和数量，因此不仅针对 Mj 生成的 UI 设计方案还需要在 Photoshop 中进行重绘，而且可能需要多次针对同一任务生成大量参考方案进行融合。

图标设计

使用 Mj 几乎可以生成完全不必修改就能直接商用的 3D、2.5D 及拟物类图标，其优点不仅在于生成快速，而且可以按某一主题成批生成相关图标。

设计图标及图标边框

通过描述图标的形状、色彩、质感即可获得图标的雏形，在此基础上可以再微调关键词，直至得到满意的效果。

例如，对于左下图所示的图标，笔者用的提示语是 Game icon design, 3D design, square shape, with rococo style luxurious metallic rounded corners, semi-transparent glass texture background, and a gemstone in the center. --v 4 --s 500 --v 4，所描述的图标是“正方形形状，采用洛可可风格的奢华金属圆角，带有半透明玻璃质感的底纹，中心有一颗宝石”。

对于右下图所示的图标，笔者用的提示语是 icon design, circular glass texture button with a cute cartoon castle in the center. --s 800 --v 4，所描述的图标是“圆形透明琉璃质感按钮，里面是一个可爱的城堡”。

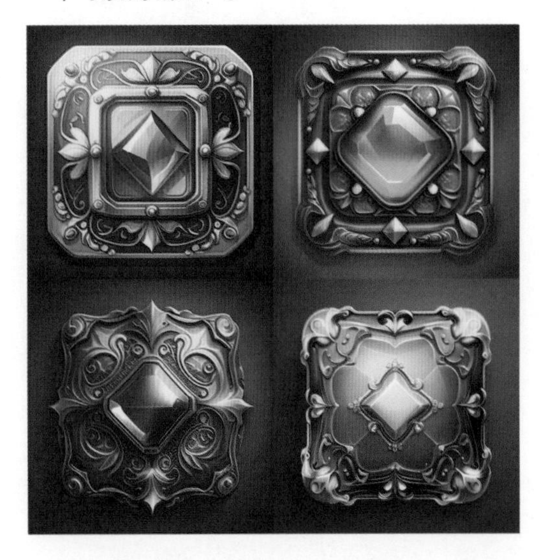

使用 Mj 除了可以直接生成图标，还可以生成图标的边框，应用时，只需在边框内放置不同的主题图像即可。

要设计图标边框，除了要在提示语中对边框进行描述，还要添加 empty icon frame 关键词。

icon design, front view, empty icon frame , 3D, gold, sci-fi style, white background, game art --s 800 --v 4

设计成组图标

要获得某一主题的成组图标，可以使用 pack、sheet of、assets of 这 3 个关键词中的任意一个。下面展示了分别使用这 3 个关键词所设计的图标。

3D, game sheet of different types of medieval armor, white background, shiny, game icon design, style of Hearthstone --s 800 --v 4

game icon design, game pack icons medieval wooden shield, white background,made of chrome --v 4 --s 500

icons assets of heart, 3D, ultra detailed, white background --s 800 --v 4

利用参考图设计图标

除了使用上述方法，还可以利用以图生图的方式进行创作。左下图为笔者从网上找到的参考图标，以其为参考图，用本书第 2 章讲解的方法即可生成如右下图所示的图标。

https://s.Mj.run/bw7kJW5EIog icon design, badges, ranked borders,A metallic gold or silver color, embossing --v 4

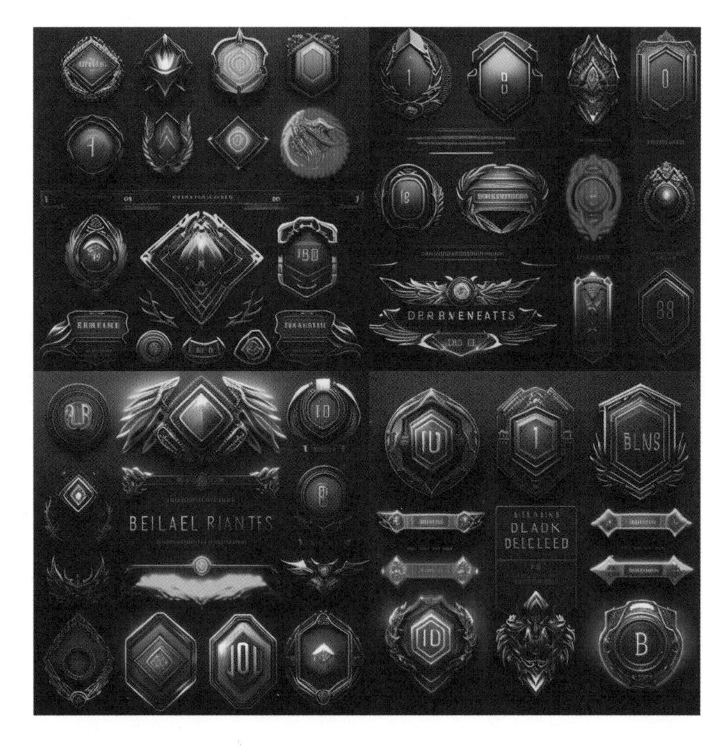

成套表情包设计

表情包在现代社交媒体中扮演着十分重要的角色，因为它们是人们表达情感和传达信息的一种有趣和创新的方式。它们通过简单、幽默和易于分享的方式，使人们在社交媒体上更加亲近，增强了情感共鸣和社交联系。

此外，表情包也可以用于品牌营销、政治宣传、文化表达等领域，例如，很多品牌、影视作品、演员有自己的表情包，因此表情包还具有营销宣传作用。

使用 Mj 可以轻松生成不错的表情包，设计时可以使用下面的提示语。

the various expressions of cute cat , emoji pack,multiple poses and expressions, [happy, sad, expectant, laughing, disappointed, Surprised, pitiful, aggrieved, despised, embarrassed, unhappy] 3d art, c4d, octane render, white background

其中，cute cat 可被替换成为任意主体对象，3d art, c4d, octane render, 可被替换成为任意艺术表现形式。

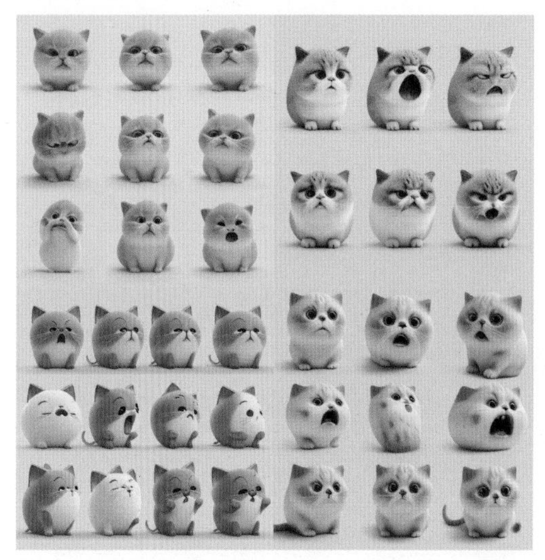

the various expressions of cute cat ,emoji pack,multiple poses and expressions, [happy, sad, expectant,laughing,disappointed ,Surprised, pitiful, aggrieved, despised, embarrassed, unhappy] 3d art,c4d,octane render,white background --v 5

the various expressions of cute dragon ,emoji pack,multiple poses and expressions, [happy, sad, expectant,laughing,disappointed ,Surprised, pitiful, aggrieved, despised, embarrassed, unhappy] cartoon style,white background --v 5

第 9 章 15 种酷炫效果图像生成技法

成分平铺效果

在视觉艺术中，Knolling 是指将物品排列整齐、平放，按照一定的规则和几何形状排列，形成一张美观的照片。这种排列方式被广泛应用于商业摄影、平面设计、时装设计等领域，旨在展示物品的组合、颜色和形状，同时也可以展示出设计师的审美品位和创造力。Knolling 这一名称来源于美国家具设计师 Andrew Kromelow，他在 20 世纪 80 年代提出了这种整齐排列的方法。

advertising photography for a kitchen designed by Piero Lissoni, studio lighting, full body, high contrast colors, knolling --q 2 --v 5 --s 750

knolling babies

watercolor flower doodles, whimsical image, muted earthy colors, knolling --s 500 --v 5

sci fi equipment photo knolling --v 5

科幻全息图效果

全息影像 hologram 是一种三维全息照相技术，通过激光将物体的信息记录到光敏材料上，再通过光的干涉，以全息图的形式重现出原物体的全貌。

在视觉创意表现方面中，全息影像效果经常被用来描绘未来科技、虚拟世界和高科技设备等。它可以营造出一种虚拟的、具有未来感的氛围，通常被用来展示高科技装备的操作界面、飞行器的导航系统、计算机网络的结构等。

在使用 Mj 生成图像时，可以使用此关键词来提升图像的科技感。

Aerial view, a car driving through the mountains highway. A futuristic and modern road in powerful graphic 3d hologram has a futuristic glow gradient overlay, autonomous cars, photorealism --v 5 --q 2

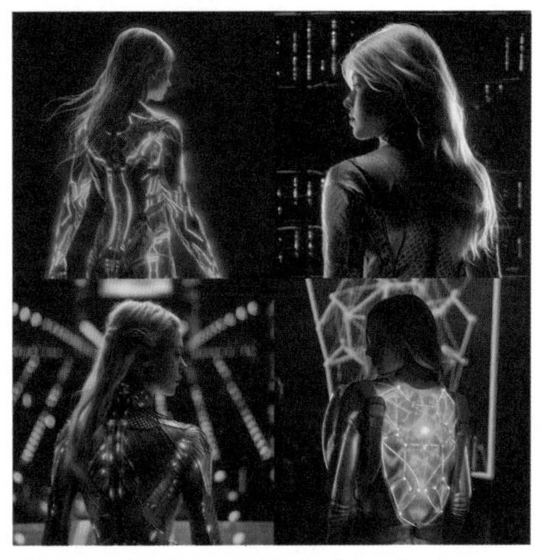

a hologram female character,back view, solarizing master, tesseract, made of wire, Y2K aesthetic --v 5

Mysterious ancient Chinese temple in mountain. hologram style --ar 3:2 --v 5

tesseract 是一个几何学术语，是指一个四维超立方体，类似于一个立方体在第四个维度上的扩展。在文学和科幻作品中，也常用 tesseract 来表示时间或空间旅行的概念。

Y2K Aesthetic 是 Y2K 美学，是指受到 2000 年代初期互联网文化、数码科技和时尚的影响，呈现出一种未来主义、高科技、流行文化和迷幻元素的艺术和设计风格。它通常被描述为一种具有强烈视觉效果的艺术风格，以独特的颜色和图案、闪亮的材料和时髦的元素为特征。在时尚、艺术和设计中，常用于银色的金属纹理、液态图案、荧光色、数字字体等元素。

集合效果

利用 a collection of（一组 / 一批 / 一堆）关键词，可以生成将某类物体集合在一张图像上的效果。下面是使用此关键词生成的 specimens（标本集）效果。

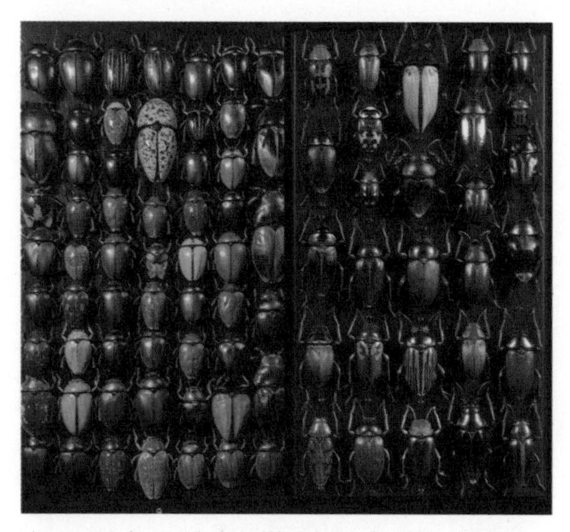

many specimens in a collection of tropical beetles, different sizes and color, --ar 9:16 --s 300 --v 5

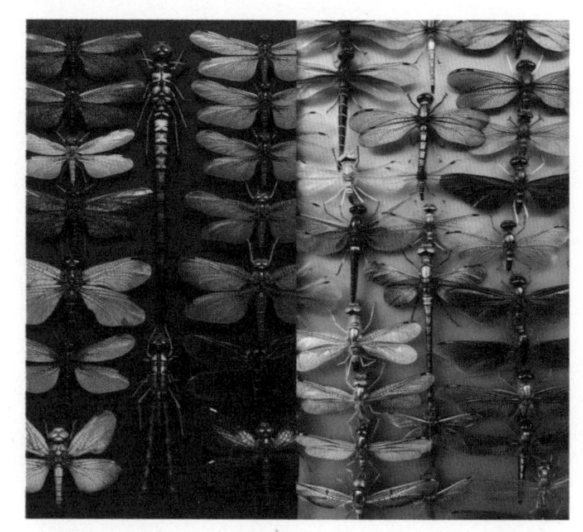

many specimens in a collection of dragonfly, different sizes and color, --ar 9:16 --s 300 --v 5

X 光透视效果

利用 x-ray（线射线）关键词，可以生成 X 光透视效果。下面是笔者分别针对花朵与龙生成的透视效果。

dragon in x-ray, realistic effect, high detail --ar 3:2 --s 800 --v 5

X-ray of a peony --v 5 --ar 2:3 --v 5

截面视图或剖面图效果

在Mj中，可以使用关键词a cross section view生成“截面视图”，使用cutaway生成“剖面视图”，这两种视图可以用于展示物体内部结构，但表现形式略有不同。

“截面视图”是指将物体沿着某一方向切割并展示其截面的视图，可以清晰地显示物体内部的构造和细节。例如，在建筑设计中，截面视图可以用来展示墙体、楼板等结构的分层构造；在医学中，截面视图可以用于展示人体内部器官的位置和结构。

而“剖面视图”则是指将物体沿着一条或多条直线切割并去除部分，展示物体内部结构的视图。与截面视图相比，剖面视图更加注重对物体内部结构的透视和展示，通常用于展示机械设备、交通工具、建筑内部等具有空间结构的物体。

总的来说，“截面视图”更偏向于纵向切割并展示内部结构，重在呈现物体的层次结构；而“剖面视图”更偏向于横向切割并展示内部结构，强调物体内部的空间布局和关系。

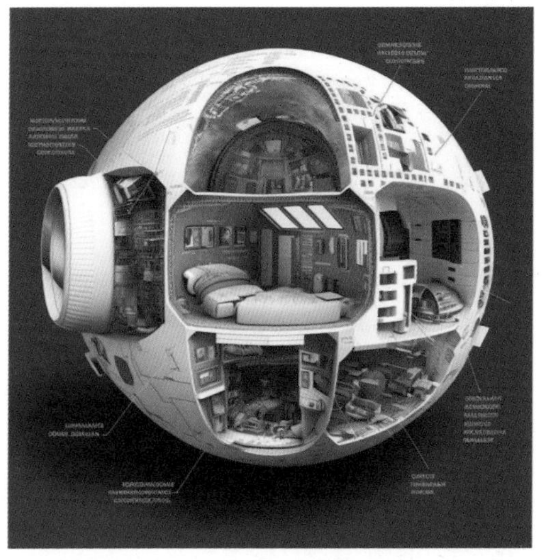

cutaway view diagram of space habitat --v 4

nuclear submarine, cutaway diagram --v 4

但需要注意的是，有时使用 a cross-section view 并不会得到截面视图图像效果，而是具有透视效果的图像。

a cross section view of car --ar 16:9 --s 500 --q 2 --v 5

生物发光效果

bioluminescent（生物发光）关键词可以创建非常奇幻的发光效果，其本意是指某些生物通过其体内的化学反应产生光的能力，如水母和深海鱼，但也出现在某些陆地生物中，如萤火虫和某些真菌等。

在使用 Mj 生成图像时，使用 bioluminescent 关键词，可以为图像添加奇幻的发光效果。下面是笔者分别将其应用于石头 stone、暴风雨前的乌云 storm clouds 与海滩 beach 上以后得到的效果。

bioluminescent runestones carved the mystery of the ancients into stone, cinematic scene, dynamic lighting, detailed textures, gold dust, glowing runes, knolling --ar 2:3 --v 4

red bioluminescent, Storm Clouds, lightning in cloud, Violent Sea, Sunset, Surreal Award Winning Nature Photography, depth of field, photographed with hasselblad leica lens light reflectors --ar 3:2 --q 2 --s 500

bioluminescent beach --ar 16:9 --s 1000

镀铬效果

镀铬是指在某种基材表面电镀一层铬，以增加基材的硬度、耐磨性和耐腐蚀性，并赋予其高光泽、高反光的外观，被广泛应用于汽车、家具、电器等产品的制造中，以提升它们的外观质感和品质。

使用关键词 made of chrome，可以让任何对象镀上铬，以体现其高科技感。下面是笔者分别在汽车设计及相机设计中使用此关键词得到的效果。

sci-fi sleek car concept design made of chrome --ar 3:2 --v 4

sci-fi sleek camera concept design made of chrome --ar 3:2 --v 4

3D 平面图效果

使用关键词 floorplan 可以得到楼层平面图效果图像，此类图像常用于描述建筑物或房屋内部的平面布局和结构，包括门窗、墙壁、家具、设备和设施等信息。

如果要得到二维平面效果的图像，需要使用 V4 参数，如左下图所示；若要得到 3D 渲染效果的图像，需要使用 V5 参数，如右下图所示。

European-style fashionable villa,floorplan,white background --ar 3:2 --v 4

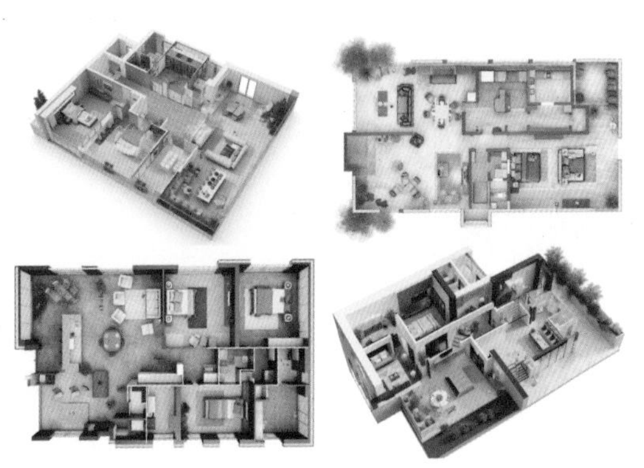

European-style fashionable villa,floorplan,white background --ar 3:2 --v 5

等距视角图形效果

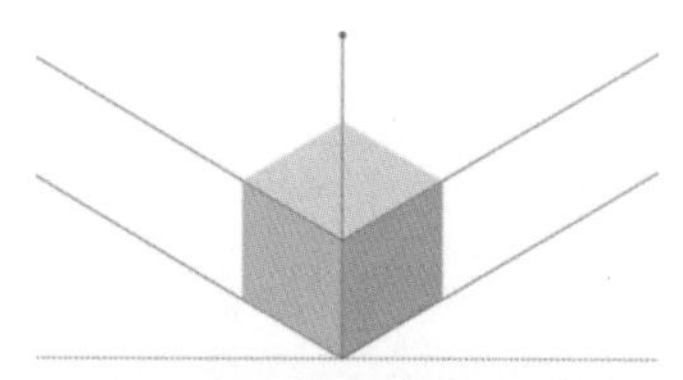

等距视角图形是一种视角或者投影方法，是指在三维图形中，将 X、Y、Z 这 3 个轴的方向各倾斜 120 度，在 isometric 视角下，所有的垂直线条都垂直于地面，所有的水平线条都以固定的角度相互平行，以此来构成等距的三维视角。

等距视角图形可以方便地显示三维对象的各个面，同时保持了比例和距离的一致性。因此，isometric 图形既可以呈现出立体感，又可以保持图形的精度和比例。

在设计和建筑领域中，isometric 图形被广泛使用。

在游戏设计中，isometric 视角可被用于创造逼真的三维环境，同时保持图形的简洁性和易读性。游戏开发者可以使用 isometric 视角来创建复杂的地图和场景，同时使游戏角色和其他游戏元素能够轻松地在这些环境中移动和交互。isometric 视角也可被用于策略游戏、城市建造游戏和其他需要显示大量物体和环境的游戏类型。

isometric barracks view, detailed illustration, hd, 4k, 8k, digital art, overdetailed art, concept art, hearthstone, cartoon style, beautiful, cel shaded, cinematic, ultra-detailed, hyper realistic, insanely intricate details, perfect lighting --ar 2:3 --v 5

ancient Greek style, ancient Roman cities, distance view, Roman big fountains and sculptures,isometric, barracks --ar 2:3 --v 5

雕刻效果

为了让 Mj 生成的图像更有质感与细节，通常需要为图像中的对象添加细节，其中运用较多的一种方法是使用有关雕刻的关键词。

根据笔者的经验，可以根据创作的需要，尝试使用以下 5 种不同的雕刻关键词。

◎ Engraving：这种技术通常用于在金属或木材表面刻出细节或图案，需要使用刻刀或刻针。

◎ Carving：是指通过雕刻或切割木头、象牙、骨头等材料制作艺术品。

◎ Relief：这种技术通常是在硬质材料表面雕刻出平面浮雕或立体浮雕。

◎ Etching：这种技术通常是使用化学蚀刻将图案刻在金属表面，用于印刷版画制作等领域。

◎ Sculpture：是指将大理石、石膏等材料雕刻成三维形状的艺术形式，常用于雕塑。

A set of consecutive different angles of the same gold bracelet with carved phoenix, medieval style --v 4

Thorns, totem, wolf, tutankhamen, divinity, holy, red light, fascinating background, carving, ritual --ar 3:2 --v 4

an ancient Chinese jade vase, intricately relief with depictions of dragons and phoenixes,photorealistic --ar 3:2 --v 5

3D render, smooth refined surfaces, reflective, chromatic coloring, futuristic sculpture inspired by Aztek and Mayan and Egyptian art, alien entity, being of creation --v 5

飞溅效果

在使用 Mj 生成有液体的图像时，通常需要使用关键词 splash 来表现液体飞溅的效果，这样才可以让画面更有动感，并通过表现飞溅液体的透明度来塑造图像的质感。

point of view camera half submerged in the ocean, above the water background with a colorful sunset, transparent splash of water --v 5

extreme realistic beautiful ballerina dancing over rainbow colored liquid paint. Color splash. Dark lightning. Intense colors. --v 5.1

splashing, vegetable, chili and pepperoni ,fresh,vivid color,sharp focus, photo shot by canon eos R5 --ar 2:3 --v 5 --q 2 --s 800

professional photo of a vodka cranberry. splash --v 5

拟人效果

在许多宣传图像中需要拟人化的小动物形象，此时可以使用固定的句式 A as B，并添加拟人化 anthropomorphic 关键词。例如，左下图为笔者创作的小狗医生，右下图为笔者创作的小猫防火员形象。

A small dog as a doctor.anthropomorphic,photorealistic --ar 2:3 --s 600 --v 5.1

A small cat as a fireman.anthropomorphic,photorealistic --ar 2:3 --s 600 --v 5.1

ASCII 码效果

ASCII 艺术是一种以 ASCII 字符集中的字符作为画笔创作出来的艺术形式。ASCII 字符集包含数字、字母、标点符号和其他特殊字符，通过它们的排列组合可以表现出各种复杂的图案和形象。使用 Mj 可以轻松创作出复杂多变的 ASCII 艺术效果图像，只需要使用 ascii art 关键词即可。

ascii art of sci-fi city of 2077s --ar 3:2 --v 4

ascii art of workman --ar 3:2 --v 4

马赛克拼贴效果

马赛克拼贴效果是一种图像处理技术，它将图像分割成多个小方块，然后对这些小方块进行重新组合，从而创造出一种抽象的、几何形状的效果。

利用 benin art、mosaic style 关键词，可以生成精致协调的马赛克拼贴效果。

An epic Star Wars character portrait in the style of Alex Alemany, in the style of metallic finishes, benin art, mosaic style --ar 2:3 --v 5.1 --s 600

卷纸艺术效果

卷纸艺术 quilling paper art 是指用纸条卷起、弯曲、组合成各种形状，从而制作出各种具有立体感的艺术品的手工艺术。通常先卷起彩色纸条，再通过各种方式将其固定在纸板或其他基础材料上，创造出各种花卉、动物、人物、字母等图案。

quilling paper art, a French lavender farm with rolling hills and a big tree --ar 2:3 --v 5.1